水产养殖动物
主要病原菌耐药性监测报告

（2015—2020年）

全国水产技术推广总站 ◎ 编

中国农业出版社

北 京

图书在版编目（CIP）数据

水产养殖动物主要病原菌耐药性监测报告：2015—2020年/全国水产技术推广总站编．—北京：中国农业出版社，2021.9
ISBN 978-7-109-28778-5

Ⅰ．①水…　Ⅱ．①全…　Ⅲ．①水产动物－病原细菌－抗药性－研究报告－中国－2015－2020　Ⅳ．①S941.42

中国版本图书馆 CIP 数据核字（2021）第196274号

水产养殖动物主要病原菌耐药性监测报告（2015—2020年）
SHUICHAN YANGZHI DONGWU ZHUYAO BINGYUANJUN NAIYAOXING JIANCE BAOGAO（2015—2020NIAN）

中国农业出版社出版
地址：北京市朝阳区麦子店街18号楼
邮编：100125
责任编辑：王金环
版式设计：王　晨　　责任校对：刘丽香
印刷：中农印务有限公司
版次：2021年9月第1版
印次：2021年9月北京第1次印刷
发行：新华书店北京发行所
开本：889mm×1194mm　1/16
印张：5.5
字数：150千字
定价：48.00元

本书编委会

主　编：于秀娟　曾　昊　冯东岳

副主编：宋晨光　胡　鲲　邓玉婷

参　编（按姓氏笔画排序）：

丁雪燕　王　飞　王　禹　王　浩　王　澎　王小亮
王文慧　王巧煌　元丽花　方　苹　卢伶俐　冉　路
吕晓楠　朱　涛　朱凝瑜　刘肖汉　刘晓丽　许钦涵
李　阳　杨　蕾　杨凤香　杨雪冰　吴亚锋　张　文
张　志　张凤贤　张利平　张劲松　陈　艳　陈　颖
陈　静　陈雨露　范正利　林　楠　林华剑　尚胜男
易　弋　郑　珂　赵良炜　胡大胜　施金谷　袁东辉
倪　军　徐小雅　徐玉龙　徐赟霞　郭欣硕　唐　姝
唐治宇　梁　怡　梁倩蓉　梁静真　蒋红艳　韩书煜
韩进刚　韩育章　温周瑞　游　宇　潘秀莲

前言

我国是渔业大国，水产品产量自1989年至今已连续31年稳居世界首位。水产品为保障国家粮食安全与改善国民膳食结构提供了大量优质蛋白质，为国民经济与社会发展作出了巨大贡献。近年来，随着水产养殖集约化程度的不断提高，水产苗种跨区域流通范围的不断扩大，水产养殖动物疾病的发生与流行也日趋严重。据《2021中国水生动物卫生状况报告》统计，我国水产养殖动物每年因各种疾病造成的测算经济损失在400亿元以上。

我国也是水产养殖用抗菌药物生产和使用大国，初步估算年使用量为8 000～10 000t。抗菌药物在治疗水产养殖动物疾病、提高养殖动物生长机能、促进养殖效益提升等方面发挥了重要作用。但由于抗菌药物市场秩序不够规范、养殖环节使用不尽合理、从业人员科学用药意识不强、公众对细菌耐药性认知度不高等原因，目前水产养殖动物病原菌的耐药性风险防控形势依然严峻。耐药性问题已经成为制约水产养殖业绿色高质量发展以及影响人类公共卫生安全的重大挑战，引起了社会各方广泛关注。

为有效应对水产养殖领域出现的耐药性问题，2015年我国启动实施水产养殖动物主要病原菌耐药性监测和防控工作，并取得了一系列积极成果。本报告系统总结了2015—2020年我国水产养殖动物主要病原菌耐药性监测工作开展情况，抗菌药物的耐药性变化规律，耐药性控制措施以及国际合作交流情况等，并提出了相应的对策建议。本报告是首次公开发布我国水产养殖动物主要病原菌的耐药性情况，旨在为科学使用水产用抗菌药物提供数据参考，对于提高水产养殖规范用药技术水平，提升水产品质量安全水平，推动水产养殖业绿色高质量发展具有重要意义。

在本报告编写过程中，农业农村部渔业渔政管理局给予了精心指导，各地水产技术推广部门给予了大力支持，水产病害领域的专家学者给予了倾心帮助，在此一并致以诚挚的谢意！

由于编者水平有限，报告中难免存在纰漏和不足，敬请广大读者批评指正。

编　者

2021年8月

目录

前言

第一部分　主要工作情况 …… 1

一、制定监测计划 …… 2
二、组建监测队伍 …… 3
三、开发数据系统 …… 4
四、开展技术培训 …… 5
五、实施水产养殖用药减量行动 …… 6
六、开展规范用药科普下乡活动 …… 7

第二部分　主要病原菌的耐药性分析 …… 9

一、监测病原菌种类、来源及数量 …… 9
二、病原菌对抗菌药物敏感性分析 …… 10
三、病原菌的总体耐药现状 …… 17

第三部分　相关科研进展 …… 18

一、精准用药技术研究取得进展 …… 18
二、细菌耐药性分子检测技术不断创新 …… 18
三、水产养殖用抗菌药物研究不断深入 …… 19
四、抗菌药物替代品研发蓬勃发展 …… 20

第四部分　国际合作交流 …… 21

一、FAO 水产抗菌药物负责任使用国家行动计划研讨会 …… 21
二、FAO 亚太地区水产养殖动物病原菌耐药性研讨会 …… 22
三、FAO 水产养殖动物健康专家组工作会议 …… 22
四、FAO 水产养殖生物安保与微生物耐药参考中心工作会议 …… 23

五、OIE 第 30 届亚太区域委员会 …… 23

第五部分　有关对策建议 …… 24

一、深入实施水产养殖病原菌耐药性监测工作 …… 24
二、提高水产养殖动物主要病原菌耐药性监测技术水平 …… 24
三、根据耐药性监测结果指导科学规范用药 …… 25
四、开展免疫与生态防控技术研究 …… 25
五、积极参与国际交流合作 …… 25

第六部分　水产养殖用兽药管理相关政策法规 …… 26

第七部分　水产养殖用兽药名录与详解 …… 31

一、抗菌药物 …… 33
二、驱虫和杀虫药物 …… 38
三、抗真菌药物 …… 45
四、消毒药物 …… 45
五、中药材和中成药 …… 56
六、疫苗 …… 71
七、维生素类药物 …… 75
八、激素类药物 …… 76
九、其他类药物 …… 79

第一部分　主要工作情况

2015年，在农业部渔业渔政管理局的指导下，全国水产技术推广总站组织北京、江苏等15家省级水产技术推广站（水生动物疫病预防控制中心）启动实施了水产养殖动物主要病原菌耐药

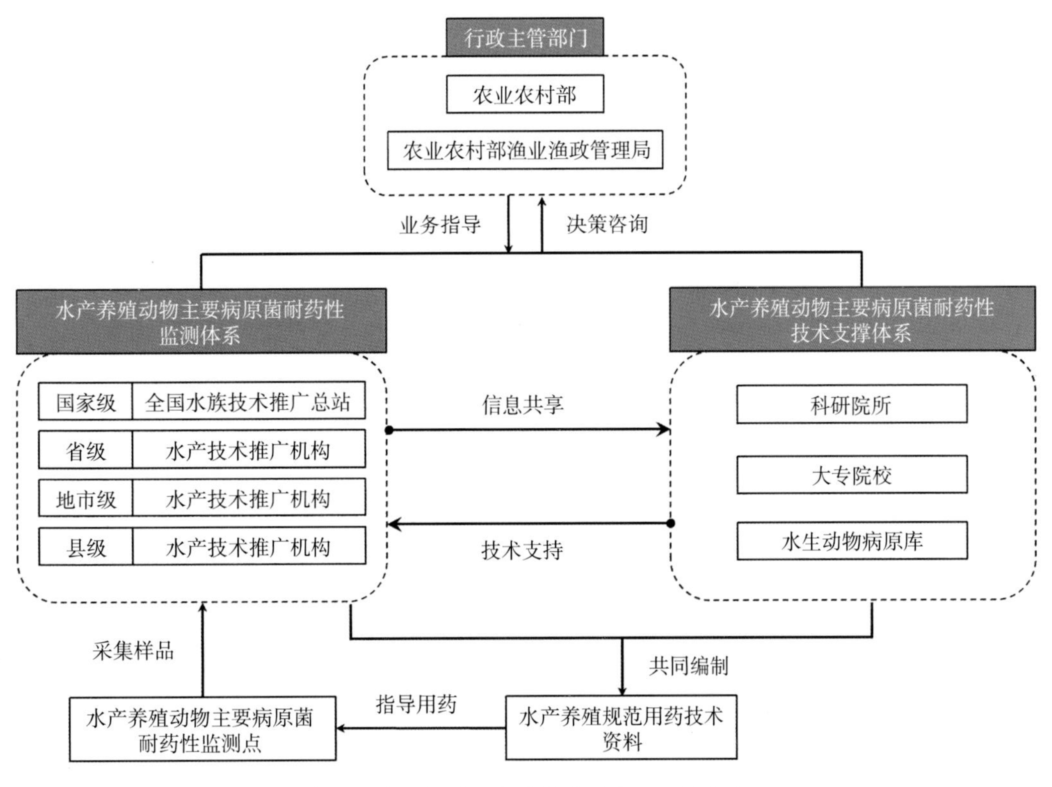

图1　水产养殖动物病原菌耐药性监测体系

性监测工作。通过建立健全工作机制、强化人才队伍培养、制定技术操作规范、开发数据分析系统等一系列工作，构建了以水产技术推广部门为主的耐药性监测队伍，以水产大专院校和科研院所等实验室为补充的技术支撑队伍，初步形成了组织完善、布局合理、运行有效的水产养殖动物病原菌耐药性监测体系（图 1）。通过持续开展监测，掌握了气单胞菌等水产养殖动物主要病原菌的药物敏感性变化规律，为大力推动水产养殖用抗菌药物减量化使用、加快推进水产养殖业高质量发展、切实保障人民群众“舌尖上的安全”提供了有力支撑。

一、制定监测计划

全国水产技术推广总站每年组织专家研究制定水产养殖动物主要病原菌耐药性监测工作方案，明确目标任务，细化技术路径，确保耐药性工作有序开展（图 2）。工作方案包括采样点选择原则、采样养殖品种、采样时间与数量、监测的抗菌药物种类等内容，并结合每年实际情况，进行修订完善。截至目前，水产养殖动物主要病原菌耐药性监测工作已经覆盖不同地区、不同模式、不同品种的水产养殖企业，获得了大量基础数据，逐步摸清了主要病原菌对抗菌药物敏感性的变化规律。在此基础上，组织专家根据耐药性监测结果编制抗菌谱，探索建立耐药性风险预警和预报机制，指导各地积极推进水产养殖规范用药工作，有效降低了因不科学用药造成的水产养殖经济损失，提升了水产品质量安全水平。

图 2　开展耐药性监测工作的通知文件

二、组建监测队伍

在人才队伍培养方面，依托水产科研院所等各方力量，组建了耐药性监测专家技术支撑队伍；依托各级水产技术推广部门，组建了耐药性监测检测员队伍（图3）。专家队伍负责制定耐药性监测技术操作规程，组织开展技术培训和咨询指导服务，提出遏制耐药性的对策建议，为政府部门科学决策提供支撑；检测员队伍负责具体实施耐药性监测工作，开展实验室药物敏感性试验，汇总分析耐药性监测数据，编制本区域抗菌谱等工作。截至目前，共有北京、天津、河北、辽宁、江苏、浙江、福建、山东、河南、湖北、广西和重庆等15家省级水产技术推广部门参与耐药性监测工作，各地实验室硬件设施条件较为完善，技术人员具有丰富的理论实践经验，为有效开展耐药性监测工作提供了技术保障。

北京市水产技术推广站耐药性监测团队

天津市动物疫病预防控制中心耐药性监测团队

河北省水产技术推广总站耐药性监测团队

辽宁省现代农业生产基地建设工程中心
耐药性监测团队

江苏省渔业技术推广中心耐药性监测团队

浙江省水产技术推广总站耐药性监测团队

福建省水产技术推广总站耐药性监测团队

山东省渔业发展和资源养护总站耐药性监测团队

河南省水产技术推广站耐药性监测团队

湖北省水产科学研究所耐药性监测团队

广西壮族自治区水产技术推广站
耐药性监测团队

重庆市水产技术推广总站耐药性监测团队

图 3　各地耐药性监测团队

三、 开发数据系统

为便于数据汇总分析，全国水产技术推广总站研究开发了水产养殖动物主要病原菌耐药性监测数据分析系统（图 4）。该系统主要包括四方面内容，分别为病原菌管理、报表管理、系统报表、基础数据管理，每块内容又涵盖数个具体项目，分类明确、条理清晰。该系统的建立，实现了水产养殖动物主要病原菌耐药性监测数据网络化填报和自动化分析，既能对同一地区多年来病原菌的药物敏感性变化规律进行纵向比较，又可对不同地区病原菌药物敏感性差异进行横向分析，使操作人员上传数据更便捷、准确，让管理人员分析数据更高效、透彻。截至目前，该系统汇总数据数十万条，形成了国内关于水产养殖动物主要病原菌耐药性研究最完整、最系统的数据库。

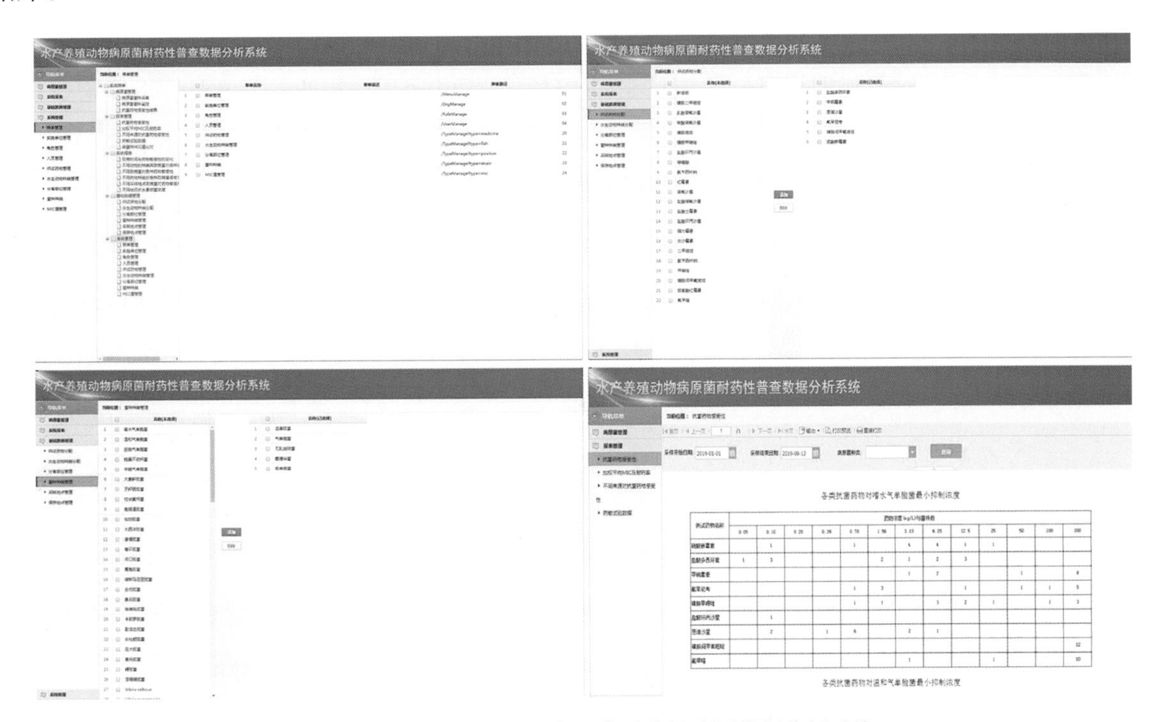

图 4 水产养殖动物主要病原菌耐药性监测数据分析系统

四、 开展技术培训

全国水产技术推广总站每年举办水产养殖动物主要病原菌耐药性监测技术培训班或工作研讨会，组织各地水产技术推广部门、水生动物疫病预防控制中心的相关人员集中学习（图 5）。通过培训水产养殖动物病原菌采集与鉴定技术、根据病原菌的药物敏感性测试结果正确选用水产养殖用兽药并准确计算用药剂量方法、水产养殖用药减量技术措施等内容，着力强化人才队伍建设。这些技术骨干又作为培训老师，承担了本辖区的耐药性监测技术培训工作。据不完全统计，2015 年以来各地累计培训水产养殖动物病原菌耐药性监测技术员 3 000 人以上，组织编写相关技术资料 10 余种。

2019年江苏南京耐药性监测技术培训班

2020年全国耐药性监测技术视频培训班

图 5 耐药性监测技术培训班

五、实施水产养殖用药减量行动

为贯彻落实《全国遏制动物源细菌耐药行动计划（2017—2020 年）》，有效遏制动物源细菌耐药性，切实维护人民群众身体健康，2017 年农业部启动实施水产养殖用药减量行动。全国水产技术推广总站负责具体组织实施这项工作，组织各地围绕种苗质量、疫病防控、精准用药、绿色模式、科学管理等养殖关键环节，优化技术路径和措施，持续深入推进用药减量行动，助推水产养殖业高质量发展。各地探索以试点示范企业为核心，建立药物敏感性检测实验室，打造核心示范区，以点带面，为周边区域养殖者提供技术指导服务，及时准确诊断疾病并精准用药，用药减量行动辐射带动作用初步显现，为提升水产品质量安全水平、打造优质绿色水产品品牌夯实了根基。

2020 年，为贯彻落实农业农村部会同国家发展改革委等 10 部委联合印发的《关于加快推进水产养殖业绿色发展的若干意见》（农渔发〔2019〕1 号）精神，农业农村部启动实施生态健康养殖模式示范推广、养殖尾水治理模式推广、水产养殖用药减量、配合饲料替代幼杂鱼和水产种业质量提升等水产绿色健康养殖“五大行动”，各地积极响应，制定实施方案，建立工作机制，遴选骨干基地，扎实推进实施。全国共培育“五大行动”骨干基地 926 个。水产绿色健康养殖“五大行动”将作为“十四五”时期水产技术推广的重点工作持续加以推进（图 6）。

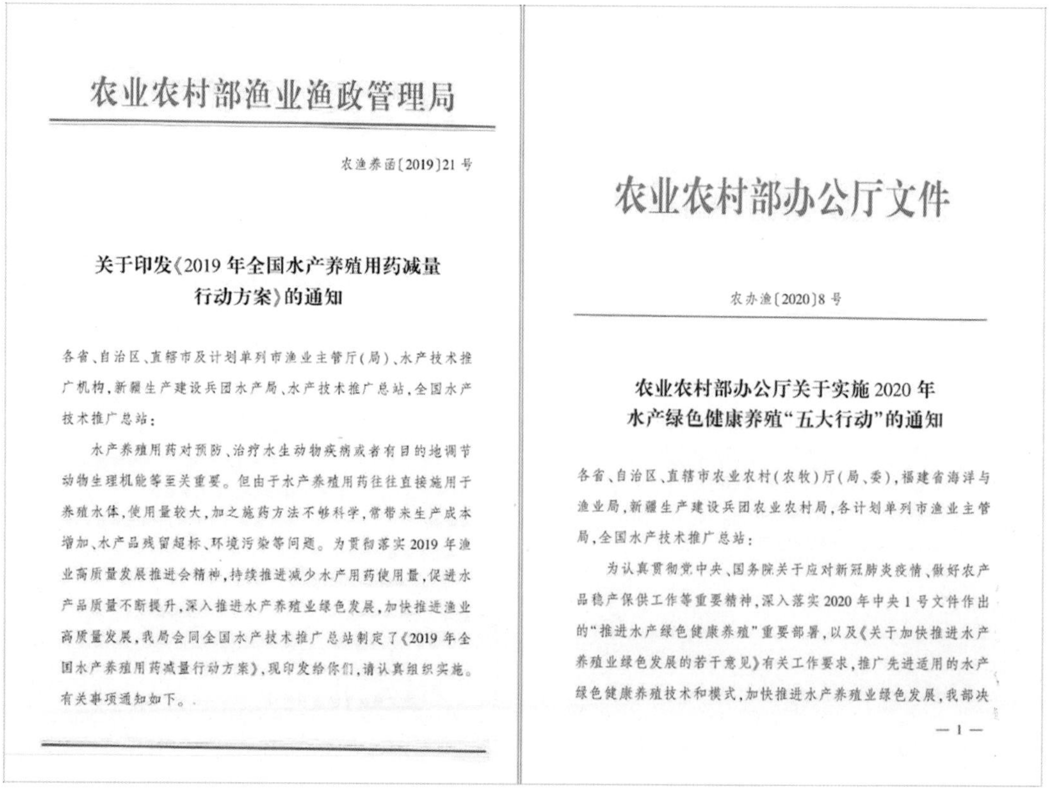

农业农村部渔业渔政管理局

农渔养函〔2019〕21 号

关于印发《2019 年全国水产养殖用药减量行动方案》的通知

各省、自治区、直辖市及计划单列市渔业主管厅（局）、水产技术推广机构，新疆生产建设兵团水产局、水产技术推广总站，全国水产技术推广总站：

水产养殖用药对预防、治疗水生动物疾病或者有目的地调节动物生理机能等至关重要。但由于水产养殖用药往往直接施用于养殖水体，使用量较大，加之施药方法不够科学，常带来生产成本增加、水产品残留超标、环境污染等问题。为贯彻落实 2019 年渔业高质量发展推进会精神，持续推进减少水产用药使用量，促进水产品质量不断提升，深入推进水产养殖业绿色发展，加快推进渔业高质量发展，我局会同全国水产技术推广总站制定了《2019 年全国水产养殖用药减量行动方案》，现印发给你们，请认真组织实施。有关事项通知如下。

农业农村部办公厅文件

农办渔〔2020〕8 号

农业农村部办公厅关于实施 2020 年水产绿色健康养殖“五大行动”的通知

各省、自治区、直辖市农业农村（农牧）厅（局、委），福建省海洋与渔业局，新疆生产建设兵团农业农村局，各计划单列市渔业主管局，全国水产技术推广总站：

为认真贯彻党中央、国务院关于应对新冠肺炎疫情、做好农产品稳产保供工作等重要精神，深入落实 2020 年中央 1 号文件作出的“推进水产绿色健康养殖”重要部署，以及《关于加快推进水产养殖业绿色发展的若干意见》有关工作要求，推广先进适用的水产绿色健康养殖技术和模式，加快推进水产养殖业绿色发展，我部决

— 1 —

图 6　开展水产养殖用药减量行动的通知文件

在水产养殖用药减量行动中，通过指导养殖企业建立从苗种检疫、养殖水质监测、养殖模式优化、养殖容量控制、检疫与病害防治、投入品质量检测到产品质量监测等贯穿养殖生产全过程的质量安全监控技术模式，严格落实水产养殖生产“三项”记录制度，推广使用安全、高效、低残留的中兽药等兽用抗菌药物替代产品等措施，实现了从源头上减少使用抗菌药物。2020年，“五大行动”骨干基地的水产养殖用兽药使用量同比减少5%以上，其中抗菌药物使用量同比减少20%以上。

六、开展规范用药科普下乡活动

自2007年至今，全国水产技术推广总站组织各地水产技术推广部门持续开展“水产养殖规范用药科普下乡活动”（图7）。通过政策宣讲、技术培训、科技入户及现场咨询等方式，做好水产品质量安全普法宣传和规范用药技术指导，着力提升水产品质量安全水平。一是建立工作机制。打造技术推广机构牵头，水产科研教学单位等广泛参与的技术服务队伍。二是加强政策普及。广泛宣讲《中华人民共和国农产品质量安全法》《兽药管理条例》等法律规章，切实提升养殖者质量安全意识和主体责任意识。三是创设培训平台。积极构建线上线下相结合的培训模式，全方位推动水产绿色健康养殖技术和规范用药技术标准进村入户。四是强化示范引领。指导区域代表性好、示范带动力强的水产养殖企业创建品牌，充分发挥典型引领作用。

2019年湖南湘西“水产养殖规范用药科普下乡活动”

2020年云南曲靖“水产养殖规范用药科普下乡活动”

2020年河北平山“水产养殖规范用药科普下乡活动”

2020年浙江德清“水产养殖规范用药科普下乡活动”

图7 水产养殖规范用药科普下乡活动

“十三五”以来，各地累计开展“水产养殖规范用药科普下乡活动”2 万次以上，培训渔民 150 万人次以上，发放各类技术资料 300 万份以上，在提升水产养殖者素质、提高养殖技术水平、强化水产品质量安全意识等方面发挥了重要作用。特别是 2020 年受新冠肺炎疫情影响，全国水产技术推广总站创新活动形式，联合浙江省水产技术推广总站首次采用线上线下相结合的方式，即主会场加直播云课堂的形式，同步开展规范用药技术培训，效果良好，线上观众累计超过 2 万人次。“水产养殖规范用药科普下乡活动”连续多年被农业农村部列入“为农民办实事”重要事项之一，为支持发展优质、特色、绿色、生态的水产养殖提供了有力支撑。

第二部分　主要病原菌的耐药性分析

2015—2020 年，北京、江苏等 15 个省份采集的水产养殖动物主要病原菌种类和数量、病原菌对抗菌药物的耐药性变化总体情况如下。

一、监测病原菌种类、来源及数量

15 个省份共采集水产养殖动物病原菌 6 295 株，涉及养殖品种包括草鱼、鲤、鲫、罗非鱼、黄颡鱼、虹鳟、鳗鲡、大黄鱼、大菱鲆、金鱼、中华鳖等 10 余种，采集病原菌主要为气单胞菌、弧菌、链球菌、爱德华氏菌和假单胞菌（表 1）。

通过药物敏感性试验，获得有效耐药数据的菌株共 3 138 株。其中，气单胞菌 2 221 株、弧菌 527 株、链球菌 261 株、假单胞菌 69 株、爱德华氏菌 60 株（图 8）。

表 1　2015—2020 年病原菌采集情况

序号	采样地区	采样养殖品种	年份						数量（株）
			2015	2016	2017	2018	2019	2020	
1	北京	金鱼、虹鳟	60	38	42	33	40	36	249
2	天津	鲤、鲫	62	61	52	62	64	54	355
3	辽宁	大菱鲆	224	265	358		390	330	1567
4	江苏	草鱼、鲫、鮰	58	70	215	290	182	149	964
5	广西	罗非鱼	32	62	50	36	30	30	240
6	安徽	鲫		26	139	183			348
7	河北	鲤、草鱼		68	49	69	49	60	295

（续）

序号	采样地区	采样养殖品种	年份						数量（株）
			2015	2016	2017	2018	2019	2020	
8	河南	黄河鲤、斑点叉尾鮰		86	57	66	47	34	290
9	江西	草鱼、乌鳢、鲫、鳊		44	42	12			98
10	浙江	中华鳖、大黄鱼、黄颡鱼		40	99	299	162	283	883
11	福建	大黄鱼、鳗鲡、		79	173		67	29	348
12	广东	草鱼、罗非鱼			48	89	64	64	265
13	山东	大菱鲆				28	11	38	77
14	湖北	鲫					84	153	237
15	重庆	鲫					53	26	79
合计			436	839	1 324	1 167	1 243	1 286	6 295

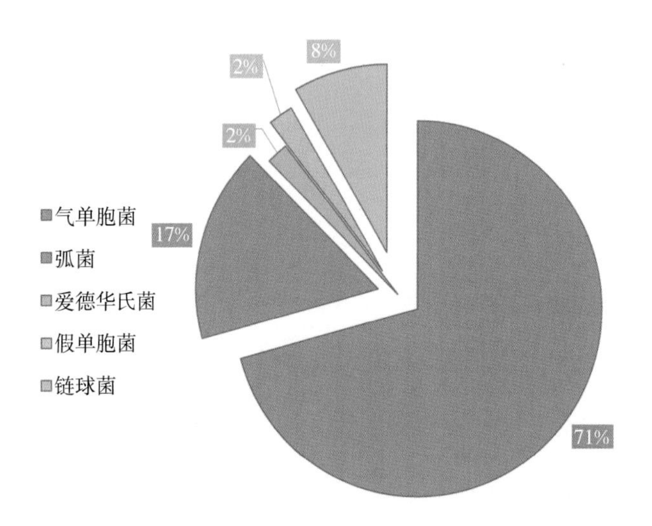

图8　2015—2020年各地采集病原菌的占比情况

二、病原菌对抗菌药物敏感性分析

（一）监测抗菌药物种类及耐药性判定标准

监测的抗菌药物主要为农业农村部批准的恩诺沙星、氟苯尼考、多西环素、甲砜霉素、硫酸新霉素、磺胺间甲氧嘧啶等。药物敏感性判断标准参考美国临床和实验室标准协会（Clinical and Laboratory Standards Institute，CLSI）、欧洲药敏试验委员会（European committee on antimicrobial susceptibility testing，EUCAST）设置的判断标准，对抗菌药物的耐药性判定参考值见表2。

表 2　各类抗菌药物的耐药性判定参考标准

药物名称	耐药性判定参考值			参考标准
	耐药折点	中介折点	敏感折点	
恩诺沙星	≥4	1～2	≤0.5	CLSI VET 04A
氟苯尼考	≥8	4	≤2	CLSI VET01-A4
多西环素	≥16	8	≤4	CLSI M100-S29
	≥2*	—	≤1*	EUCAST
磺胺间甲氧嘧啶	≥512	—	≤256	CLSI M45-A2
硫酸新霉素	—	—	—	无
甲砜霉素	—	—	—	无

注：* 只适用于链球菌；“—”表示无折点。

（二）主要病原菌对抗菌药物的耐药性分析

1. 气单胞菌

气单胞菌对磺胺间甲氧嘧啶的耐药率最高，为 34.14%；其次为氟苯尼考，耐药率为 28.61%。恩诺沙星和多西环素对气单胞菌较为敏感，耐药率分别为 18.60%和 15.43%。（表 3）

表 3　气单胞菌对抗菌药物的耐药性

单位：μg/mL

抗菌药物	MIC_{50}	MIC_{90}	耐药率	中介率	敏感率
磺胺间甲氧嘧啶	200	>512	34.14 %	—	65.86 %
氟苯尼考	1.56	100	28.61 %	6.63 %	64.76 %
恩诺沙星	0.78	12.5	18.60 %	20.66 %	60.74 %
多西环素	1.56	50	15.43 %	9.14 %	75.43 %
硫酸新霉素	6.25	50	—	—	—
甲砜霉素	6.25	>200	—	—	—

注：MIC_{50}和 MIC_{90}分别表示在一批实验中能抑制 50%或 90%受试菌所需的最小抑菌浓度（minimal inhibitory concentration，MIC）。

2015—2020 年间，气单胞菌对多西环素和氟苯尼考的耐药率呈上升趋势。2020 年数据与 2015 年相比较，气单胞菌对多西环素的耐药率上升了 17.89%，对氟苯尼考的耐药率上升了 10.66%。

同时，气单胞菌对恩诺沙星和磺胺间甲氧嘧啶的耐药率则呈下降趋势，对恩诺沙星的耐药率下降了 1.50%，对磺胺间甲氧嘧啶的耐药率下降了 6.30%（图 9）。

2. 弧菌

弧菌对恩诺沙星耐药率最高，为 29.86%；其次为氟苯尼考，耐药率为 26.05%。对磺胺间甲氧嘧啶和多西环素较为敏感，耐药率分别为 11.08%和 10.63%。

恩诺沙星对弧菌的 MIC 水平最高，MIC_{90}>200μg/mL，是恩诺沙星耐药临界值的 50 倍以上；其次为氟苯尼考，MIC_{90}为 50μg/mL，是氟苯尼考耐药临界值的 6.25 倍；多西环素的 MIC_{90}略高于耐药临界值（表 4）。

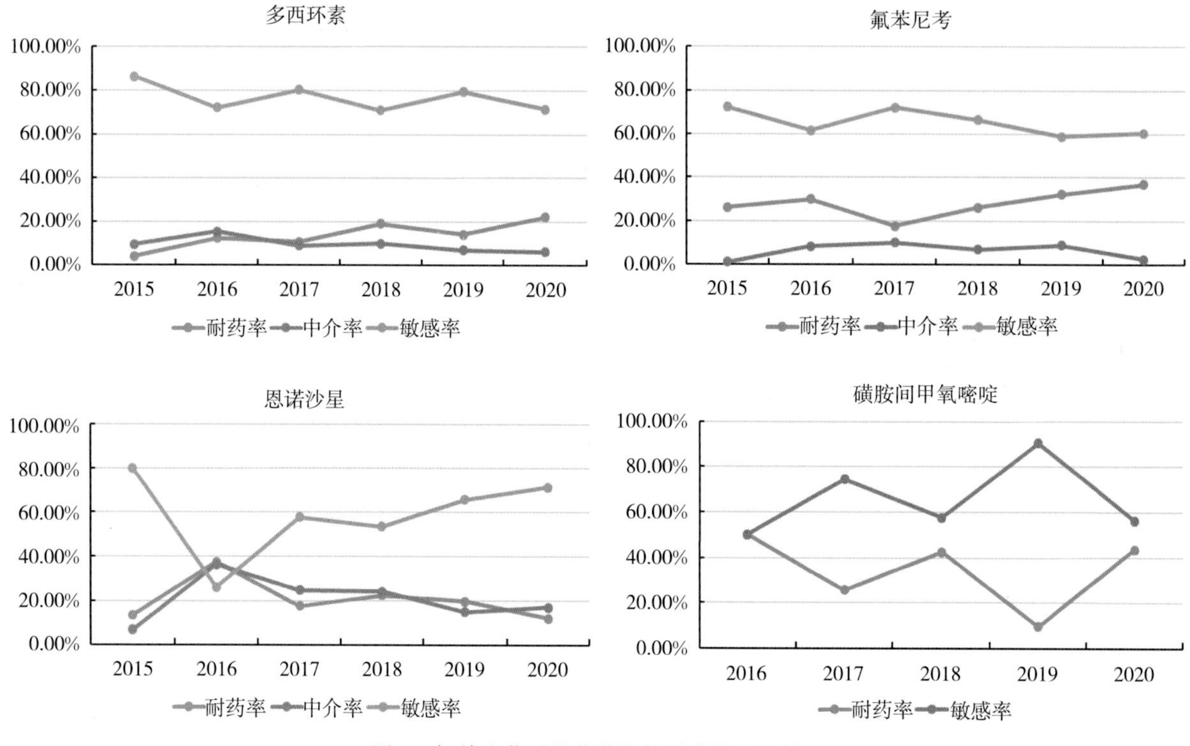

图 9　气单胞菌对抗菌药物的耐药性变迁情况

表 4　弧菌对抗菌药物的耐药性

单位：μg/mL

抗菌药物	MIC_{50}	MIC_{90}	耐药率	中介率	敏感率
恩诺沙星	≤0.2	＞200	29.86%	0.00%	70.14%
氟苯尼考	1.56	50	26.05%	4.75%	69.20%
磺胺间甲氧嘧啶	200	512	11.08%	—	88.92%
多西环素	0.39	25	10.63%	6.07%	83.30%
硫酸新霉素	6.25	50	—	—	—
甲砜霉素	12.5	＞200	—	—	—

3. 假单胞菌

假单胞菌对氟苯尼考和磺胺间甲氧嘧啶耐药严重，耐药率分别为 100%和 81.16%；对多西环素较为敏感，耐药率为 5.80%。氟苯尼考对假单胞菌的 MIC 水平较高，MIC_{90}＞512μg/mL，是氟苯尼考耐药临界值的 64 倍以上；其次为磺胺间甲氧嘧啶，MIC_{90}＞512μg/mL，超过耐药临界值（表 5）。

表 5　假单胞菌对抗菌药物的耐药性

单位：μg/mL

抗菌药物	MIC_{50}	MIC_{90}	耐药率	中介率	敏感率
氟苯尼考	＞512	＞512	100.00%	0.00%	0.00%
磺胺间甲氧嘧啶	512	＞1 024	81.16%	—	18.84%

（续）

抗菌药物	MIC_{50}	MIC_{90}	耐药率	中介率	敏感率
多西环素	1.56	3.13	5.80%	0.00%	94.20%
恩诺沙星	0.78	1.56	0.00%	11.90%	88.10%
硫酸新霉素	1.56	6.25	—	—	—
甲砜霉素	100	>200	—	—	—

4. 爱德华氏菌

爱德华氏菌对磺胺间甲氧嘧啶的耐药率最高，为63.64%；其次为恩诺沙星，耐药率为35.00%；对氟苯尼考和多西环素较为敏感，耐药率分别为13.33%和11.67%。磺胺间甲氧嘧啶对爱德华氏菌的MIC水平较高，其MIC_{50}和MIC_{90}均>512μg/mL，超过耐药临界值（表6）。

表6　爱德华氏菌对抗菌药物的耐药性

单位：μg/mL

抗菌药物	MIC_{50}	MIC_{90}	耐药率	中介率	敏感率
磺胺间甲氧嘧啶	>512	>512	63.64%	—	36.36%
恩诺沙星	1.56	12.5	35.00%	45.00%	35.00%
氟苯尼考	3.13	25	13.33%	36.67%	50.00%
多西环素	1.56	25	11.67%	0.00%	88.33%
硫酸新霉素	6.25	>200	—	—	—
甲砜霉素	100	100	—	—	—

5. 链球菌

链球菌对磺胺间甲氧嘧啶和硫酸新霉素的耐药水平较高，其MIC_{90}分别为>1 024μg/mL和512μg/mL，对其他抗菌药物较为敏感（表7）。

表7　链球菌对抗菌药物的耐药性

单位：μg/mL

抗菌药物	MIC_{50}	MIC_{90}	耐药率	中介率	敏感率
多西环素	≤0.2	1.56	5.36%	0.00%	94.64%
氟苯尼考	3.13	12.5	—	—	—
磺胺间甲氧嘧啶	200	>1 024	—	—	—
恩诺沙星	0.78	6.25	—	—	—
硫酸新霉素	12.5	512	—	—	—
甲砜霉素	6.25	100	—	—	—

（三）不同病原菌对抗菌药物的耐药性比较

通过分析气单胞菌、弧菌、爱德华氏菌、假单胞菌和链球菌等5种病原菌对抗菌药物的耐药性试验数据，总体上，假单胞菌对抗菌药物的耐药水平最高，其次为爱德华氏菌和气单胞菌，弧菌对抗菌药物较为敏感。

假单胞菌对氟苯尼考耐药率高达 100%，对恩诺沙星相对较为敏感。假单胞菌和爱德华氏菌对磺胺间甲氧嘧啶的耐药率相对较高，分别为 81.16%和 63.64%。爱德华氏菌对恩诺沙星的耐药率较高，对氟苯尼考和多西环素的敏感率较高。5 种病原菌对多西环素均具有较高的敏感率（图 10）。

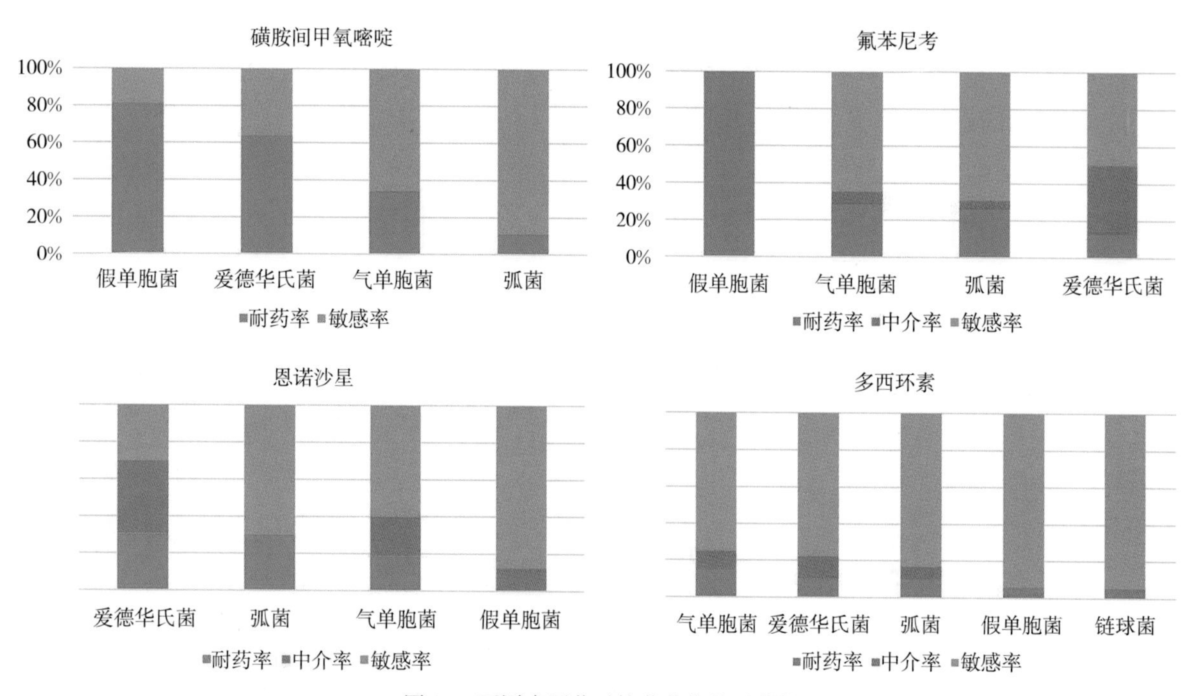

图 10 不同病原菌对抗菌药物的耐药性

（四）不同地区采集不同病原菌的耐药情况

浙江采集的爱德华氏菌和弧菌总体耐药情况较严重，对 4 种抗菌药物均有较高耐药性；重庆和福建采集的假单胞菌对磺胺间甲氧嘧啶和氟苯尼考具有较高耐药性；湖北、北京、河北、重庆采集的气单胞菌对各类抗菌药物均较为敏感（图 11）。

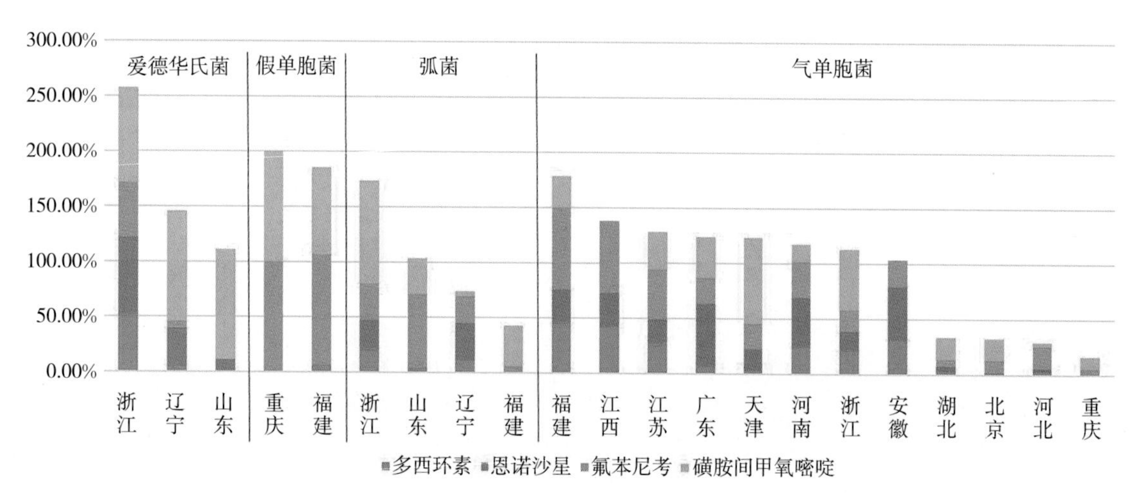

图 11 不同地区采集的病原菌对抗菌药物的耐药率堆叠图

(五) 不同抗菌药物的敏感性分析

1. 恩诺沙星

浙江采集的爱德华氏菌对恩诺沙星耐药率较高，为71.43%；广东、安徽和河南采集的气单胞菌，耐药率在40%～60%；其他地区采集的病原菌对恩诺沙星敏感性相对较高（图12）。

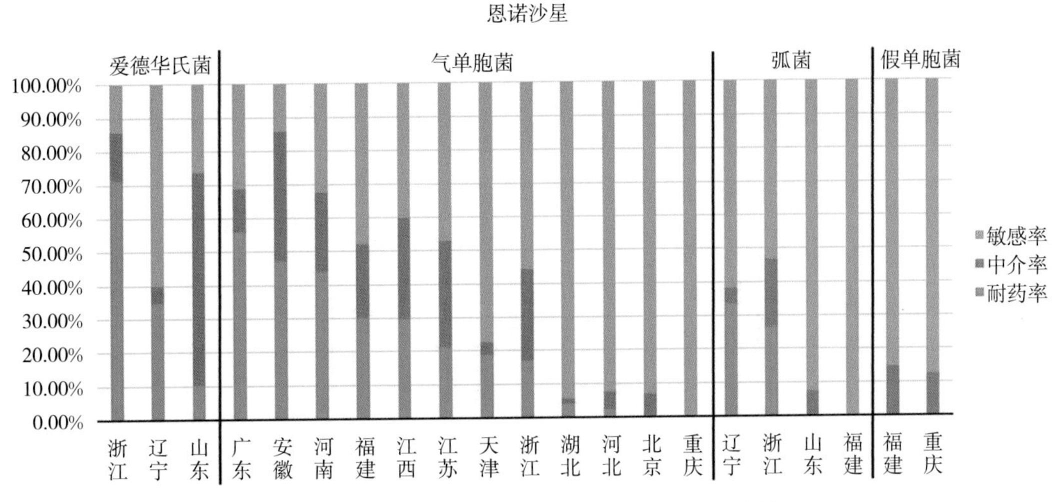

图12　不同地区采集的不同菌株对恩诺沙星耐药情况

2. 多西环素

气单胞菌、爱德华氏菌、弧菌、链球菌和假单胞菌等对多西环素均较为敏感。但浙江采集的爱德华氏菌耐药率较高，为50.00%；福建、江西和安徽采集的气单胞菌，耐药率在30%～50%（图13）。

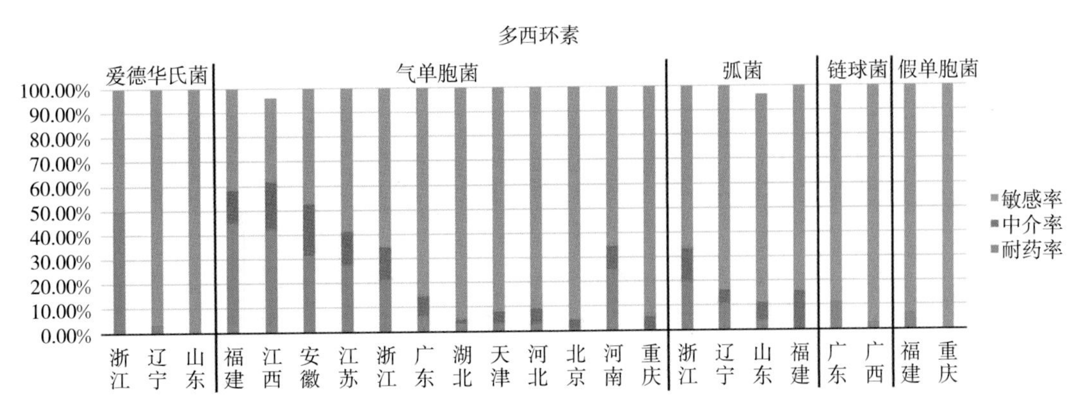

图13　不同地区采集的不同菌株对多西环素耐药情况

3. 氟苯尼考

各地采集的气单胞菌、爱德华氏菌、弧菌、链球菌和假单胞菌等对氟苯尼考的敏感性存在较大差异。重庆、福建采集的假单胞菌对氟苯尼考耐药严重，耐药率高达100%；山东采集的弧菌，福建、江西和江苏采集的气单胞菌，浙江采集的爱德华氏菌，对氟苯尼考的耐药率相对较高，均在50%～80%（图14）。

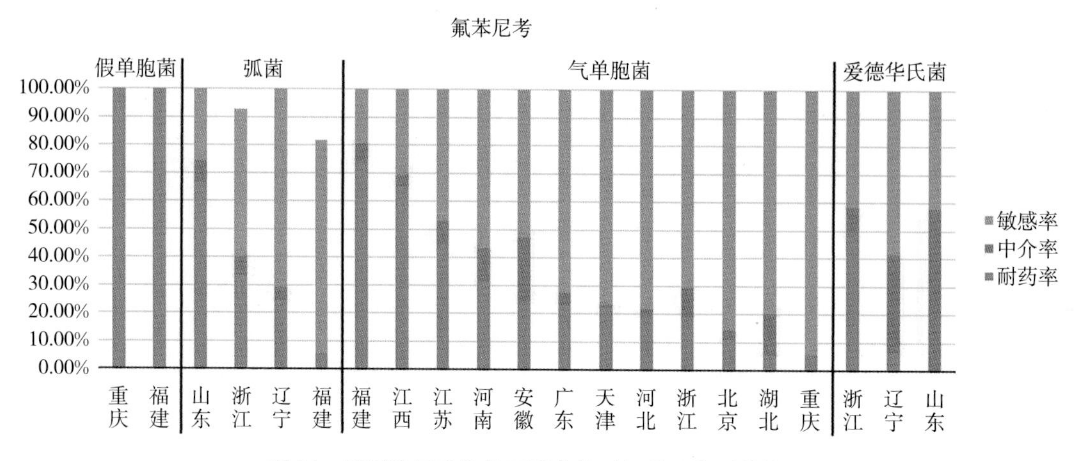

图 14　不同地区采集的不同菌株对氟苯尼考耐药情况

4. 磺胺间甲氧嘧啶

辽宁、山东、浙江采集的爱德华氏菌对磺胺间甲氧嘧啶耐药严重，辽宁和山东采集的爱德华氏菌耐药率达到 100%；重庆采集的假单胞菌对磺胺间甲氧嘧啶的耐药率达到 100%；福建采集的弧菌对磺胺间甲氧嘧啶的耐药率为 93%；天津采集的气单胞菌对磺胺间甲氧嘧啶的耐药率为 78%（图 15）。

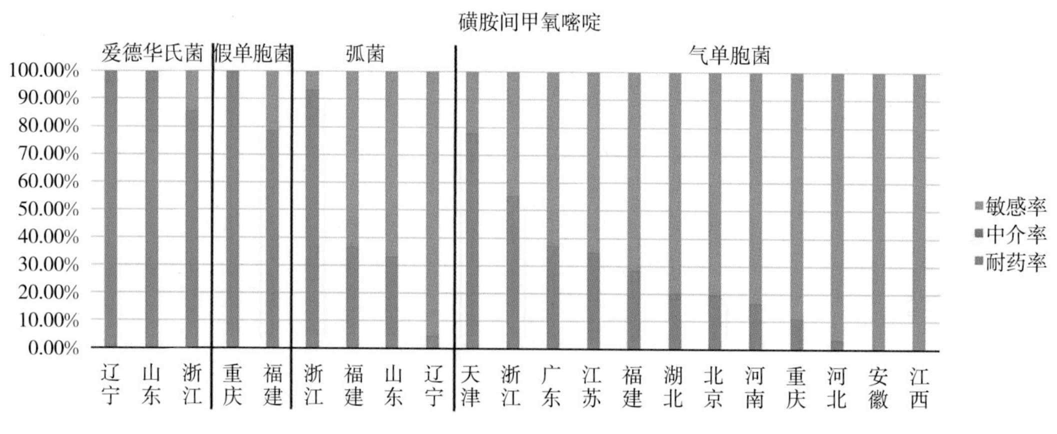

图 15　不同地区采集的不同菌株对磺胺间甲氧嘧啶耐药情况

5. 硫酸新霉素

山东、福建采集的弧菌，重庆采集的气单胞菌和假单胞菌对硫酸新霉素的耐药率较高。广西采集的链球菌，MIC_{90} 高达 512μg/mL；浙江采集的爱德华氏菌，$MIC_{90} \geqslant 200$μg/mL。

6. 甲砜霉素

2015—2020 年，甲砜霉素对大部分监测地区水生动物病原菌的抗菌活性差异不大。甲砜霉素除对福建采集到的弧菌、湖北和重庆采集到的气单胞菌以及广东采集到的链球菌抗菌活性较高外，对其余各地区病原菌的 MIC 水平均较高，其 MIC_{90} 均达到 100μg/mL 或以上。

三、病原菌的总体耐药现状

（一）海淡水养殖品种主要病原菌

从草鱼、鲫、鲤、大菱鲆、罗非鱼、鳗鲡、大黄鱼等主要水产养殖动物及金鱼等观赏鱼类中采集的病原菌包括气单胞菌、弧菌、链球菌、爱德华氏菌和假单胞菌等主要病原菌。气单胞菌为淡水养殖品种的主要病原菌，弧菌为海水养殖品种的主要病原菌。

（二）主要病原菌对抗菌药物均存在耐药性

所采集的主要病原菌对恩诺沙星、硫酸新霉素、甲砜霉素、氟苯尼考、多西环素和磺胺间甲氧嘧啶等6种水产养殖用抗菌药物的耐药水平具有较大差异。气单胞菌等主要病原菌对磺胺间甲氧嘧啶和氟苯尼考的耐药性较为严重，对恩诺沙星和多西环素较为敏感。2015年以来的监测数据表明，各地区采集的病原菌对磺胺类药物的耐药率普遍较高，因此，应限制磺胺类抗菌药物在水产养殖中的过度使用。

（三）沿海地区病原菌耐药率相对偏高

耐药菌的检出率存在时间及地域性差异，耐药严重的气单胞菌和假单胞菌在浙江和福建等沿海地区检出率较高，浙江采集到的爱德华氏菌对6种药物均存在较严重的耐药性，因此，应进一步加强这些地区抗菌药物规范使用的技术指导工作。湖北、河北和北京地区采集的病原菌对抗菌药物的耐药率相对较低。

（四）气单胞菌耐药呈现“两升两降”

各地采集的气单胞菌对磺胺间甲氧嘧啶和恩诺沙星耐药率均呈下降趋势，而对多西环素和氟苯尼考的耐药率则呈上升趋势，对多西环素的耐药率上升幅度较大。究其原因，各地根据耐药性监测结果采取了轮换用药的治疗方案，致使一些水产养殖动物病原菌对部分抗菌药物的敏感性有所增加。

第三部分　相关科研进展

水产养殖动物病原菌耐药性问题不仅制约水产养殖业绿色高质量发展，而且对人类公共卫生安全造成严重挑战，我国水产科研工作者开展了大量卓有成效的工作，取得了积极成果。

一、 精准用药技术研究取得进展

全国水产技术推广总站联合中国科学院水生生物研究所等7家单位研究构建了“细菌病快速准确诊断-抗菌药物敏感性试验-药物使用剂量确定”的水产养殖精准用药技术体系，针对水产养殖主要病原菌建立了多种分子生物学诊断技术，极大地提高了疾病快速诊断能力。抗菌药物敏感性试验可实现精准使用抗菌药物，避免因药物滥用导致的细菌耐药性增加。该成果于2018年获得中国水产学会范蠡科学技术奖，并在各地因地制宜组织推广应用。

二、 细菌耐药性分子检测技术不断创新

基因检测具有快速且可预测菌株潜在耐药性的优点，对细菌感染紧急用药治疗具有指导意义，甚至可成为某些病原菌耐药检测的标准。分子生物学技术的进步带动了耐药性菌株分子检测技术的快速发展。上海海洋大学申请了《一种嗜水气单胞菌耐药基因的检测方法》国家发明专利，广西壮族自治区水产科学研究院申请了《用于水产动物源细菌磺胺类药物耐药基因三重荧光定量PCR检测的引物、探针及其使用方法》等国家发明专利。这些专利技术操作简单，结果准确可靠，检测周期短，检测成本低，而且不容易造成污染，为提升我国水生动物疫病防控能力提供了技术支撑。

三、水产养殖用抗菌药物研究不断深入

抗菌药物用于治疗细菌性传染病，目前研究集中在机体、药物、病原菌三者之间相互作用的规律，即：抗菌药物的治疗作用（对病原菌的抑制作用或杀灭作用），药物对机体的不良反应和病原菌对药物产生的耐药性，以及动物机体对药物的代谢转化过程。

（一）氨基糖苷类药物

氨基糖苷类药物能够抑制细菌核糖体合成蛋白质的整个过程，使细菌无法完成蛋白质的合成或者合成无功能蛋白。另外，氨基糖苷类药物能与菌体细胞膜结合，增加细菌通透性，导致胞质中重要物质外漏。该类药物综合以上作用发挥杀菌功效，能快速杀菌，特别是对静止期细菌杀灭作用较强。水产上主要使用氨基糖苷类药物治疗鱼类、甲壳类、两栖类、爬行类和贝类等养殖动物的细菌性疾病。最近几年我国水产用氨基糖苷类药物耐药性问题日益严重，多个地区水产养殖致病菌对氨基糖苷类药物的整体耐药率较高。

（二）四环素类药物

四环素类药物通过被动扩散和主动转运方式进入细菌胞质，通过与核糖体特异性结合，抑制肽链延长和蛋白质合成而杀灭细菌；还可改变细菌细胞膜通透性，导致菌体内核苷酸等重要物质外漏，从而抑制细菌DNA的复制。我国水产养殖常见病原菌中，嗜水气单胞菌对四环素类药物耐药较为严重。不同地区海、淡水品种中分离的水产养殖致病菌都对四环素表现较强的耐药性；同一品种体内不同病原菌对四环素的耐药性有所差异；同一地区分离的病原菌耐药性随着时间的推移不断变迁。

（三）酰胺醇类药物

酰胺醇类药物通过可逆性结合细菌核糖体肽酰转移酶，阻止肽链的羧基末端与氨基酰tRNA的氨基发生反应，破坏细菌肽链的延伸，使蛋白质合成受阻。水产养殖使用的酰胺醇类抗菌药物主要有甲砜霉素和氟苯尼考等，其中氟苯尼考使用非常广泛。关于酰胺醇类抗菌药物耐药性报道较少，已有报道中，南方地区水产养殖致病菌对酰胺醇类的耐药性相对较低，而北方地区该药物的耐药性相对较高；北京地区水产养殖致病菌对该药物的敏感性接近50%，观赏鱼源病原菌对氟苯尼考耐药性较强，可能与观赏鱼用药频率较高有关。

（四）磺胺类药物

细菌不能直接利用环境中现成的叶酸，需要以氨苯甲酸（PABA）和二氢蝶啶为材料，通过二氢叶酸合成酶的催化合成二氢叶酸，再经过酶的催化还原，形成四氢叶酸。四氢叶酸是核苷酸合成过程中嘌呤和嘧啶的传递介质。磺胺类药物的结构跟PABA相似，因而会与PABA竞争二氢叶酸合成酶，阻碍二氢叶酸的合成，最终导致核酸的合成受阻，从而抑制细菌的生长和繁殖。目前我国水产养殖上使用的磺胺类药物种类丰富，使用频繁，因此其耐药性问题也日益突出。研究表明，我国水产磺胺类药物在不同地区和养殖品种上差异较大，整体耐药率在31.2%～

73.1%，其中气单胞菌和弧菌类病原菌对其耐药性较强。

（五）喹诺酮类药物

喹诺酮类药物主要作用于细菌的DNA螺旋酶，使细菌DNA不能形成超螺旋，染色体受损，从而产生杀菌作用。该类药物常用于治疗由气单胞菌、假单胞菌、弧菌、爱德华氏菌等引起的海、淡水动物疾病。随着喹诺酮类药物在水产养殖过程中的大量使用，其耐药性问题日益突出。目前，国内有关水产养殖致病菌对喹诺酮类药物耐药的报道较多。病原菌对不同喹诺酮类药物的耐药情况有所差异，主要集中在恩诺沙星和氟甲喹上，并且其耐药性随时间推移有增强趋势。水产养殖发达地区，病原菌对喹诺酮类药物的耐药性要明显高于养殖落后地区，广东、江苏等省份相比北方地区病原菌对喹诺酮类耐药更严重，耐药性在短期内很难消除。

四、抗菌药物替代品研发蓬勃发展

（一）毒素功能抑制剂

病原菌可通过释放蛋白类毒素干扰宿主细胞的功能，并可最终导致宿主细胞死亡。细菌分泌的毒素根据产生阶段不同通常可以分为溶血性毒素、白细胞毒素、脱落毒素和内毒素等。这些毒素与宿主细胞的物理损伤、生化降解及信号转导等相关，有利于病原菌从宿主获得营养物质、免疫逃避等。近年来，针对医学病原菌已发现了多种毒素功能抑制剂，如金黄色葡萄球菌α-溶血素抑制剂、产气荚膜梭菌α-毒素抑制剂、大肠杆菌志贺毒素抑制剂、肺炎链球菌溶血素抑制剂等。随着研究的不断深入，水产病原菌抗毒力化合物的筛选也有了新进展，如嗜水气单胞菌气溶素活性抑制剂、无乳链球菌溶血素活性抑制剂等。

（二）群体感应抑制剂

群体感应是微生物间通过分泌、释放一些特定的信号分子，通过感知其浓度变化来监测菌群密度、调控菌群生理功能，从而适应环境条件的一种信号交流机制，又称为细胞交流或自诱导。大部分细菌都具有两套群体感应系统，分别用于种内和种间信息交流。大多数水产病原菌均有群体感应系统，干扰病原菌的群体感应系统是减少水产养殖动物发病和提高生产效率的有效方法。近年来报道了多种干扰病原菌群体感应系统的抑制剂，以期达到控制病原菌感染的目的。群体感应抑制剂不抑制病原菌生长，但可通过干扰群体感应系统抑制病原菌的毒力因子，使养殖动物机体通过自身防御机制控制病原菌感染。

第四部分 国际合作交流

我国积极参与水产养殖抗菌药物使用及病原菌耐药性等领域的国际交流与合作，认真履行作为水产养殖大国的责任和义务，参加联合国粮食及农业组织（FAO）、世界动物卫生组织（OIE）、亚太水产养殖中心网（NACA）等举办的相关会议活动，不断加强与国际组织和其他国家的双边、多边交流合作，为促进水产养殖业高质量发展做出了积极贡献。

一、FAO 水产抗菌药物负责任使用国家行动计划研讨会

2017 年 8 月，FAO 在马来西亚吉隆坡举办了水产抗菌药物负责任使用国家行动计划研讨会（图 16）。来自中国、马来西亚、菲律宾、越南、克罗地亚、印度、英国、美国及爱尔兰等国家，以及 FAO、NACA 等国际组织的 37 位专家学者出席了会议。中国科学院水生生物研究所李爱华研究员、广东海洋大学鲁义善教授、中国水产科学研究院黄海水产研究所荣小军副研究员、中国

图 16 水产抗菌药物负责任使用国家行动计划研讨会参会代表合影（2017 年）

水产科学研究院珠江水产研究所姜兰研究员和邓玉婷副研究员等参加了会议。邓玉婷副研究员介绍了中国水产养殖主要细菌性病害、中国批准使用的抗菌药物种类以及广东省部分养殖区域病原菌的耐药性情况。会议期间，中国代表团应邀参与了世界抗生素意识教育周（World Antibiotic Awareness Week，13-19 November，2017）宣传片的制作，积极树立中国负责任渔业大国的良好形象。

二、FAO 亚太地区水产养殖动物病原菌耐药性研讨会

2018 年 9 月，FAO 在泰国曼谷举办亚太地区水产养殖动物病原菌耐药性研讨会（图 17）。上海海洋大学胡鲲教授、中国水产科学研究院珠江水产研究所姜兰研究员和张瑞泉助理研究员、中国科学院水生生物研究所李爱华研究员等参加会议。胡鲲教授介绍了中国水产养殖主要病害、抗菌药物管理情况以及水产养殖用药减量行动实施情况等。

图 17　亚太地区水产养殖动物病原菌耐药性研讨会参会代表合影（2018 年）

三、FAO 水产养殖动物健康专家组工作会议

2018 年 11 月，FAO 渔业和水产养殖委员会在意大利巴勒莫市举办水产养殖动物健康专家组工作会议。中国水产科学研究院黄海水产研究所王印庚研究员、张正副研究员以及中国水产科学研究院珠江水产研究所姜兰研究员应邀参加了此次会议。FAO 拟在全球设立 5 个水产养殖生物安保和细菌耐药参考中心（以下简称 FAO 参考中心），其中中国 2 个、美国 1 个、英国 1 个和印度 1 个。FAO 参考中心的建立以及我国专家应邀参与 FAO 水产动物健康专家组工作会议，对于国际组织了解我国水产健康养殖现状和提高我国渔业科技在世界水产养殖中的影响力，树立负责任的渔业大国形象均具有重要意义。姜兰研究员向与会 FAO 官员及专家介绍了我国淡水养殖动物病原菌的耐药性监测及研究现状。

四、FAO水产养殖生物安保与微生物耐药参考中心工作会议

2020年4月，FAO渔业和水产养殖部水产养殖处组织的“FAO水产养殖生物安保和细菌耐药参考中心”授牌筹备会议以远程视频会议形式召开。中国水产科学研究院黄海水产研究所徐甲坤副研究员、王印庚研究员，中国水产科学研究院珠江水产研究所姜兰研究员、邓玉婷副研究员等参加会议。中国水产科学研究院黄海水产研究所、中国水产科学研究院珠江水产研究所通过初步遴选和评估，拟设立为FAO参考中心，预计将于2021年底完成程序审批。参考中心将为FAO各成员促进水产养殖业健康发展提供技术支撑。

五、OIE第30届亚太区域委员会

2017年11月，OIE亚太区域委员会第30届大会在马来西亚吉隆坡召开（图18）。来自OIE总部、区域代表处、亚太区的成员以及FAO等国际组织和非政府组织代表共计120人参加会议。中国代表团共7人，由国家首席兽医师张仲秋带队。会上，全国水产技术推广总站冯东岳高级工程师介绍了我国在水生动物疫病防控工作中取得的成效，包括建立健全水生动物疫病防控体系，加强水生动物疫病监测和风险防控，开展病原菌耐药性监测以及推进水产养殖用药减量行动进展等情况。

图18　第30届OIE亚太区域委员会参会代表合影（2017年）

第五部分　有关对策建议

为进一步加强水产养殖用抗菌药物科学规范使用，促进提升养殖水产品质量安全水平，加快推进水产养殖业绿色高质量发展，针对当前耐药性监测工作中存在的不足，需要进一步强化基础性研究，加大多部门多领域合作并积极开展国际交流合作，持续推动耐药性监测深入开展。

一、深入实施水产养殖病原菌耐药性监测工作

我国幅员辽阔，水产养殖区域跨度较大，养殖品种多样，决定了水产养殖动物主要病原菌耐药性监测的特点是“量大面广”，单一地区、单一养殖品种、单一病原菌的耐药性数据，只能反映特定区域、特定环境的病原菌耐药性变化规律，不能反映全国的情况。因此，各地可结合当地气候、水域环境特点、养殖品种等因素，因地制宜分区域开展监测。同时，将连续多年的监测数据进行综合比较，分析研判耐药性变化规律，编制抗菌谱，用于指导水产养殖规范用药。

二、提高水产养殖动物主要病原菌耐药性监测技术水平

开展耐药性监测工作是促进提升水产养殖动物病害防控能力的重要抓手，必须确保有足够的人力和物力等资源要素支持。各地可依托国家及地方水生动物疫病预防控制机构，利用现有仪器设备，调动各方力量扩大耐药性监测区域和监测养殖品种范围。大力组织开展耐药性监测培训，提升耐药性监测技术水平。健全完善水产养殖动物主要病原菌耐药性监测技术标准、水产养殖用兽药残留检测标准体系。

三、根据耐药性监测结果指导科学规范用药

从各地耐药性监测结果来看，不同地方、不同水产养殖动物体内采集的病原菌对各种抗菌药物的敏感性存在较大差异。建议各地根据本地病原菌的耐药性监测结果，科学选择和使用抗菌药物，确定合理剂量治疗水产养殖动物疾病。有些地区采集的气单胞菌、爱德华氏菌、弧菌等对磺胺类药物的耐药性较高，建议在这些地区停止使用磺胺类药物治疗水产养殖动物疾病。

四、开展免疫与生态防控技术研究

2016 年以前，各地普遍反映乳酸诺氟沙星、烟酸诺氟沙星等对水产养殖动物主要病原菌的治疗效果较好。但 2015 年 9 月 1 日发布的农业部公告（第 2292 号）规定，以诺氟沙星为原料药的各种盐、酯及其各种制剂从 2016 年 12 月 31 日起禁止在养殖中使用。针对目前水产养殖中批准使用的抗菌药物种类不多的情况，需要加快新型抗菌药物研发工作，以满足水产养殖生产需要。大力研发和推广应用水产疫苗，积极开展免疫预防工作。加快开发安全、优质、绿色的新型水产饲料添加剂，促进水产养殖业绿色发展。

五、积极参与国际交流合作

积极参与世界卫生组织（WHO）、OIE、FAO 等相关国际组织开展的耐药性防控策略研究工作，以及美国临床实验室标准化协会（CLSI）、欧洲药敏试验委员会（EUCAST）的标准制修订等工作，与其他国家和地区开展水生动物源细菌耐药性监测协作，控制耐药菌跨地区、跨国界传播。加强与发达国家抗菌药物残留控制机构及重要国际组织的合作，参与国际规则和标准制定，主动应对国际水产品抗菌药物残留问题突发事件。

第六部分　水产养殖用兽药管理相关政策法规

水产养殖用兽药作为兽药的重要组成部分，在保障动物源性食品安全和公共卫生安全等方面具有重要作用；其管理主要依据我国兽药管理的相关政策法规，涵盖了新兽药研制、兽药生产、兽药经营、兽药进出口、兽药使用、兽药监督管理等方面。水产养殖用兽药管理相关政策法规主要包括《中华人民共和国渔业法》《中华人民共和国食品安全法》《中华人民共和国环境保护法》《中华人民共和国农产品质量安全法》，以及国务院相关法规和规范性文件（包括《兽药管理条例》《食品动物禁用的兽药及其他化合物清单》《饲料和饲料添加剂管理条例》《允许作饲料添加剂的兽药品种及使用规定》等），此外，还有一系列部门规章和规范性文件（表8）。

表8　水产养殖用兽药管理相关法律法规及规范性文件

序号	分类	名称	施行日期	主要内容
1	法律法规	《中华人民共和国渔业法》	1986年7月1日（2013年12月28日修正）	包括总则、养殖业、捕捞业、渔业资源的增殖和保护、法律责任及附则。明确了县级以上人民政府渔业行政主管部门应当加强对养殖生产的技术指导和病害防治工作。同时明确从事养殖生产应当保护水域生态环境，科学确定养殖密度，合理投饵、施肥、使用药物，不得造成水域的环境污染。
2		《中华人民共和国食品安全法》	2015年10月1日（2018年12月29日修正）	包括总则、食品安全风险监测和评估、食品安全标准、食品生产经营、食品检验、食品进出口、食品安全事故处置、监督管理、法律责任及附则。明确了国家建立食品安全风险监测制度，对食源性疾病、食品污染以及食品中的有害因素进行监测。

（续）

序号	分类	名称	施行日期	主要内容
3	法律法规	《中华人民共和国环境保护法》	2015 年 1 月 1 日	包括总则、监督管理、保护和改善环境、防止污染和其他公害、信息公开和公众参与、法律责任及附则。明确了各级人民政府及其农业等有关部门和机构应当指导农业生产经营者科学种植和养殖，科学合理施用农药、化肥等农业投入品，科学处置农用薄膜、农作物秸秆等农业废弃物，防止农业面源污染。
4	法律法规	《中华人民共和国农产品质量安全法》	2006 年 11 月 1 日（2018 年 10 月 26 日修正）	包括总则、农产品质量安全标准、农产品产地、农产品生产、农产品包装和标识、监督检查、法律责任及附则。明确了县级以上人民政府农业行政主管部门应当加强对农业投入品使用的管理和指导，建立健全农业投入品的安全使用制度。同时明确农产品生产者应当按照法律、行政法规和国务院农业行政主管部门的规定，合理使用农业投入品，严格执行农业投入品使用安全间隔期或者休药期的规定，防止危及农产品质量安全。
5	法律法规	《兽药管理条例》	2004 年 11 月 1 日（2020 年 3 月 27 日修订）	包括总则、新兽药研制、兽药生产、兽药经营、兽药进出口、兽药使用、兽药监督管理、法律责任及附则。明确了水产养殖中的兽药使用、兽药残留检测和监督管理以及水产养殖过程中违法用药的行政处罚，由县级以上人民政府渔业主管部门及其所属的渔政监督管理机构负责。
6	法律法规	《兽药注册办法》	2004 年 11 月 24 日	包括总则、新兽药注册、进口兽药注册、兽药变更注册、进口兽药再注册、兽药复核检验、兽药标准物质的管理、罚则及附则。明确了国务院农业部门负责全国兽药注册工作，兽药审评委员会负责新兽药和进口兽药注册资料的评审工作，中国兽医药品监察所和其他指定的兽药检验机构承担兽药注册的复核检验工作。
7	新兽药研制管理	《兽药注册分类及注册资料要求》	2005 年 1 月 1 日	包括兽用生物制品注册分类及注册资料要求、化学药品注册分类及注册资料要求、中兽药、天然药物分类及注册资料要求、兽医诊断制品注册分类及注册资料要求、兽用消毒剂分类及注册资料要求、兽药变更注册事项及申报资料要求、进口兽药再注册申报资料项目。
8	新兽药研制管理	《新兽药监测期期限》	2005 年 1 月 7 日	包括新兽药监测期期限表。
9	新兽药研制管理	《新兽药研制管理办法》	2005 年 11 月 1 日（2016 年 5 月 30 日、2019 年 4 月 25 日修订）	包括总则、临床前研究管理、临床试验审批、监督管理、罚则及附则。明确了国务院农业部门负责全国新兽药研制管理工作，对研制新兽药使用一类病原微生物（含国内尚未发现的新病原微生物）、属于生物制品的新兽药临床试验进行审批。
10	新兽药研制管理	《兽药注册评审工作程序》	2021 年 4 月 15 日	包括职责分工、评审工作方式、一般评审工作流程和要求、暂停评审计时。
11	兽药生产管理	《兽药生产质量管理规范》	2002 年 3 月 19 日（2017 年 11 月 30 日、2020 年 4 月 21 日修订）	包括总则、质量管理、机构与人员、厂房与设施、设备、物料与产品、确认与验证、文件管理、生产管理、质量控制与质量保证、产品销售与召回、自检及附则。明确了兽药生产管理和质量控制的基本要求，旨在确保持续稳定地生产出符合注册要求的兽药。

（续）

序号	分类	名称	施行日期	主要内容
12	兽药生产管理	《兽药标签和说明书管理办法》	2002年10月31日（2004年7月1日、2007年11月8日、2017年11月30日修订）	包括总则、兽药标签的基本要求、兽药说明书的基本要求、兽药标签和说明书的管理及附则。明确了国务院农业部门主管全国的兽药标签和说明书的管理工作，县级以上地方人民政府畜牧兽医行政管理部门主管所辖地区的兽药标签和说明书的管理工作。
13		《兽药标签和说明书编写细则》	2003年1月22日	凡生产省级兽药管理部门批准生产的产品，生产企业应按照《兽药标签和说明书编写细则》的要求将草拟的产品标签和说明书草案报所在省兽药管理机关审查批准。凡生产农业部批准生产的兽药产品，生产企业应按照《兽药标签和说明书编写细则》的要求将草拟的产品标签和说明书草案，报送农业部兽药审评委员会办公室，该办公室组织进行审查，审查合格后报部畜牧兽医局批准。
14		《新建兽用粉剂、散剂、预混剂GMP检查验收细则》	2013年2月7日	明确了粉剂、散剂、预混剂生产线从投料到分装应具备全过程自动化控制、密闭式生产工艺，以及相应的设备设施。
15		《兽药生产质量管理规范检查验收办法》	2015年5月25日	包括总则、申报与审查、现场检查验收、审批与管理、附则。明确了国务院农业部门负责制定兽药GMP及其检查验收评定标准，负责全国兽药GMP检查验收工作的指导和监督，具体工作由农业农村部兽药GMP工作委员会办公室承担。
16		《兽药产品批准文号管理办法》	2016年5月1日（2019年4月25日修订）	包括总则、兽药产品批准文号的申请和核发、兽药现场核查和抽样、监督管理及附则。明确了国务院农业部门负责全国兽药产品批准文号的核发和监督管理工作，县级以上地方人民政府兽医行政管理部门负责本行政区域内的兽药产品批准文号的监督管理工作。
17		《新建兽用粉剂、散剂、预混剂生产线GMP检查验收评定标准》	2018年4月20日	包括适用范围、评定项目、评定方式、评定结果。
18		《兽药产品批准文号核发和标签、说明书审批事项实施全程电子化办公》	2019年9月1日	明确了兽药生产企业申请兽药产品批准文号，不再提供纸质申请表和其他纸质申请资料。
19		《无菌兽药、非无菌兽药、兽用生物制品、原料药、中药制剂等5类兽药生产质量管理的特殊要求》	2020年6月1日	包括无菌兽药生产质量管理的特殊要求、非无菌兽药生产质量管理的特殊要求、兽用生物制品生产质量管理的特殊要求、原料 药生产质量管理的特殊要求、中药制剂生产质量管理的特殊要求。

（续）

序号	分类	名称	施行日期	主要内容
20	兽药经营和进出口管理	《兽药进口管理办法》	2008年1月1日（2019年4月25日修订）	包括总则、兽药进口申请、进口兽药经营、监督管理及附则。明确了国务院农业部门负责全国进口兽药的监督管理工作，县级以上地方人民政府兽医行政管理部门负责本行政区域内进口兽药的监督管理工作。
21		《兽药经营质量管理规范》	2010年1月15日（2017年11月30日修订）	包括总则、场所与设施、机构与人员、规章制度、采购与入库、陈列与储存、销售与运输、售后服务及附则。明确了中华人民共和国境内的兽药经营企业需要遵守的各项规定。
22		《进口兽药管理目录》	2021年1月1日	包括进口兽药管理目录。
23		《兽用生物制品经营管理办法》	2021年5月15日	明确了国务院农业部门负责全国兽用生物制品的监督管理工作，县级以上地方人民政府畜牧兽医主管部门负责本行政区域内兽用生物制品的监督管理工作。
24	兽药安全使用规定	《兽用处方药和非处方药管理办法》	2013年9月11日	明确了国务院农业部门主管全国兽用处方药和非处方药管理工作，县级以上地方人民政府兽医行政管理部门负责本行政区域内兽用处方药和非处方药的监督管理，具体工作可以委托所属执法机构承担。
25		《兽医处方格式及应用规范》	2016年10月8日	明确了执业兽医师根据动物诊疗活动的需要，按照兽药使用规范，遵循安全、有效、经济的原则开具兽医处方。
26		《药物饲料添加剂退出计划和相关管理政策》	2019年7月9日	明确了停止生产、进口、经营、使用部分药物饲料添加剂，并对相关管理政策作出调整。
27		《食品动物中禁止使用的药品及其他化合物清单》	2019年12月27日	包括食品动物中禁止使用的药品及其他化合物清单。
28		《兽用处方药品种目录（第一批）》	2013年9月30日	包括兽用处方药品种目录（第一批）。
29		《兽用处方药品种目录（第二批）》	2016年11月28日	包括兽用处方药品种目录（第二批）。
30		《兽用处方药品种目录（第三批）》	2019年12月19日	包括兽用处方药品种目录（第三批）。
31		《乡村兽医基本用药目录》	2014年3月1日	包括兽用非处方药所有品种、兽用处方药品种目录（第一批）中有关品种。
32		《禁止在食品动物中使用洛美沙星等4种原料药的各种盐、酯及各种制剂的公告》	2015年6月9日	明确了洛美沙星等4种原料药的各种盐、酯及其各种制剂存在较大食品安全隐患，禁止在食品动物中使用洛美沙星、培氟沙星、氧氟沙星、诺氟沙星等4种原料药的各种盐、酯及其各种制剂。
33		《停止硫酸黏菌素作为药物饲料添加剂使用》	2016年11月1日	明确了停止硫酸黏菌素用于动物促生长。
34		《禁止非泼罗尼及相关制剂用于食品动物》	2017年9月15日	明确了禁止非泼罗尼及相关制剂用于食品动物。
35		《停止在食品动物中使用喹乙醇、氨苯胂酸、洛克沙胂等3种兽药》	2018年1月11日	明确了停止在食品动物中使用喹乙醇、氨苯胂酸、洛克沙胂等3种兽药。

（续）

序号	分类	名称	施行日期	主要内容
36	兽药监督管理相关规定	《兽药标签和说明书管理办法》	2002年10月31日（2004年7月1日、2007年11月8日、2017年11月30日修订）	包括总则、兽药标签的基本要求、兽药说明书的基本要求、兽药标签和说明书的管理及附则。明确了国务院农业部门主管全国的兽药标签和说明书的管理工作，县级以上地方人民政府畜牧兽医行政管理部门主管所辖地区的兽药标签和说明书的管理工作。
37		《一、二、三类动物疫病病种名录》	2008年12月11日	包括一类动物疫病（17种）、二类动物疫病（77种）、三类动物疫病（63种）。
38		《乡村兽医管理办法》	2009年1月1日（2019年4月25日修订）	明确了从事水生动物疫病防治的乡村兽医由县级人民政府渔业行政主管部门依照本办法的规定进行登记和监管。县级人民政府渔业行政主管部门应当将登记的从事水生动物疫病防治的乡村兽医信息汇总通报同级兽医主管部门。
39		《执业兽医管理办法》	2009年1月1日（2013年9月28日修订）	包括总则、资格考试、执业注册和备案、执业活动管理、罚则及附则。明确了执业兽医应当按照国家有关规定合理用药，不得使用假劣兽药和农业部规定禁止使用的药品及其他化合物。
40		《动物诊疗机构管理办法》	2009年1月1日（2016年5月30日、2017年11月30日修订）	包括总则、诊疗许可、诊疗活动管理、罚则及附则。明确了国务院农业部门负责全国动物诊疗机构的监督管理。县级以上地方人民政府兽医主管部门负责本行政区域内动物诊疗机构的管理。县级以上地方人民政府设立的动物卫生监督机构负责本行政区域内动物诊疗机构的监督执法工作。
41		《食品药品监管总局、公安部、国家卫生计生委关于公布麻醉药品和精神药品品种目录的通知》	2014年1月1日	包括麻醉药品品种目录、精神药品品种目录。
42		《兽药二维码追溯体系建设规定》	2015年1月21日	明确了利用国家兽药产品追溯系统实施兽药产品电子追溯码（二维码）标识制度，形成功能完善、信息准确、实时在线的兽药产品查询和追溯管理系统。
43		《兽药生产企业飞行检查管理办法》	2017年11月21日	包括总则、组织检查、现场检查、审核与处理、检查工作纪律及附则。明确了国务院农业部门负责飞行检查工作的组织领导，中国兽医药品监察所负责飞行检查工作的具体实施。省级兽医行政管理部门负责协助开展飞行检查，并承担被检查兽药生产企业整改情况现场核查和后续行政执法工作。
44		《全面推进兽药二维码追溯监管的规定》	2019年5月24日	包括兽药产品电子追溯码要求、兽药生产企业实施追溯的要求、兽药经营企业实施追溯的要求、兽药使用追溯试点养殖场实施追溯的要求、兽药监管单位实施追溯监管的要求、追溯设备厂商的要求、组织管理。
45	有关技术要求和标准规范	《〈水产养殖用抗菌药物药效试验技术指导原则〉等5个兽药研究技术指导原则》	2013年11月12日	包括水产养殖用抗菌药物药效试验技术指导原则、水产养殖用抗菌药物田间药效试验技术指导原则、水产养殖用驱（杀）虫药物药效试验技术指导原则、水产养殖用驱（杀）虫药物田间药效试验技术指导原则、水产养殖用消毒剂药效试验技术指导原则。

第七部分　水产养殖用兽药名录与详解

目前，我国已批准的水产养殖用兽药共125种，包括抗菌药物、驱虫和杀虫药物、抗真菌药物、消毒药物、中药材和中成药类、疫苗、维生素类、激素类药物及其他类药物等（表9）。

表9　已批准的水产养殖用兽药（截至2020年6月30日）

序号	名称	依据	休药期
抗菌药			
1	甲砜霉素粉	A	500度日
2	氟苯尼考粉	A	375度日
3	氟苯尼考注射液	A	375度日
4	氟甲喹粉	B	175度日
5	恩诺沙星粉（水产用）	B	500度日
6	盐酸多西环素粉（水产用）	B	750度日
7	盐酸环丙沙星盐酸小檗碱预混剂	B	500度日
8	维生素C磷酸酯镁盐酸环丙沙星预混剂	B	500度日
9	硫酸新霉素粉（水产用）	B	500度日
10	磺胺间甲氧嘧啶钠粉（水产用）	B	500度日
11	复方磺胺嘧啶粉（水产用）	B	500度日
12	复方磺胺二甲嘧啶粉（水产用）	B	500度日
13	复方磺胺甲噁唑粉（水产用）	B	500度日
驱虫和杀虫药			
14	复方甲苯咪唑粉	A	150度日
15	甲苯咪唑溶液（水产用）	B	500度日
16	地克珠利预混剂（水产用）	B	500度日
17	阿苯达唑粉（水产用）	B	500度日
18	吡喹酮预混剂（水产用）	B	500度日
19	辛硫磷溶液（水产用）	B	500度日
20	敌百虫溶液（水产用）	B	500度日
21	精制敌百虫粉（水产用）	B	500度日
22	盐酸氯苯胍粉（水产用）	B	500度日
23	氯硝柳胺粉（水产用）	B	500度日
24	硫酸锌粉（水产用）	B	未规定
25	硫酸锌三氯异氰脲酸粉（水产用）	B	未规定
26	硫酸铜硫酸亚铁粉（水产用）	B	未规定
27	氰戊菊酯溶液（水产用）	B	500度日
28	溴氰菊酯溶液（水产用）	B	500度日
29	高效氯氰菊酯溶液（水产用）	B	500度日
抗真菌药			

（续）

序号	名称	依据	休药期	序号	名称	依据	休药期
30	复方甲霜灵粉	C2505	240度日	64	大黄芩蓝散	B	未规定
消毒药				65	大黄侧柏叶合剂	B	未规定
31	三氯异氰脲酸粉	B	未规定	66	大黄五倍子散	B	未规定
32	三氯异氰脲酸粉（水产用）	B	未规定	67	三黄散（水产用）	B	未规定
33	戊二醛苯扎溴铵溶液（水产用）	B	未规定	68	山青五黄散	B	未规定
34	稀戊二醛溶液（水产用）	B	未规定	69	川楝陈皮散	B	未规定
35	浓戊二醛溶液（水产用）	B	未规定	70	六味地黄散（水产用）	B	未规定
36	次氯酸钠溶液（水产用）	B	未规定	71	六味黄龙散	B	未规定
37	过碳酸钠（水产用）	B	未规定	72	双黄白头翁散	B	未规定
38	过硼酸钠粉（水产用）	B	0度日	73	双黄苦参散	B	未规定
39	过氧化钙粉（水产用）	B	未规定	74	五倍子末	B	未规定
40	过氧化氢溶液（水产用）	B	未规定	75	五味常青颗粒	B	未规定
41	含氯石灰（水产用）	B	未规定	76	石知散（水产用）	B	未规定
42	苯扎溴铵溶液（水产用）	B	未规定	77	龙胆泻肝散（水产用）	B	未规定
43	癸甲溴铵碘复合溶液	B	未规定	78	加减消黄散（水产用）	B	未规定
44	高碘酸钠溶液（水产用）	B	未规定	79	百部贯众散	B	未规定
45	蛋氨酸碘粉	B	虾0日	80	地锦草末	B	未规定
46	蛋氨酸碘溶液	B	鱼、虾0日	81	地锦鹤草散	B	未规定
47	硫代硫酸钠粉（水产用）	B	未规定	82	芪参散	B	未规定
48	硫酸铝钾粉（水产用）	B	未规定	83	驱虫散（水产用）	B	未规定
49	碘附（Ⅰ）	B	未规定	84	苍术香连散（水产用）	B	未规定
50	复合碘溶液（水产用）	B	未规定	85	扶正解毒散（水产用）	B	未规定
51	溴氯海因粉（水产用）	B	未规定	86	肝胆利康散	B	未规定
52	聚维酮碘溶液（Ⅱ）	B	未规定	87	连翘解毒散	B	未规定
53	聚维酮碘溶液（水产用）	B	500度日	88	板黄散	B	未规定
54	复合亚氯酸钠粉	C2236	0度日	89	板蓝根末	B	未规定
55	过硫酸氢钾复合物粉	C2357	无	90	板蓝根大黄散	B	未规定
中药材和中成药				91	青莲散	B	未规定
56	大黄末	A	未规定	92	青连白贯散	B	未规定
57	大黄芩鱼散	A	未规定	93	青板黄柏散	B	未规定
58	虾蟹脱壳促长散	A	未规定	94	苦参末	B	未规定
59	穿梅三黄散	A	未规定	95	虎黄合剂	B	未规定
60	蚌毒灵散	A	未规定	96	虾康颗粒	B	未规定
61	七味板蓝根散	B	未规定	97	柴黄益肝散	B	未规定
62	大黄末（水产用）	B	未规定	98	根莲解毒散	B	未规定
63	大黄解毒散	B	未规定	99	清健散	B	未规定

（续）

序号	名称	依据	休药期	序号	名称	依据	休药期
100	清热散（水产用）	B	未规定	115	大菱鲆鳗弧菌基因工程活疫苗（MVAV6203株）	D158	未规定
101	脱壳促长散	B	未规定	116	鳜传染性脾肾坏死病灭活疫苗（NH0618株）	D253	未规定
102	黄连解毒散（水产用）	B	未规定	维生素类			
103	黄芪多糖粉	B	未规定	117	亚硫酸氢钠甲萘醌粉（水产用）	B	未规定
104	银翘板蓝根散	B	未规定	118	维生素C钠粉（水产用）	B	未规定
105	雷丸槟榔散	B	未规定	激素类			
106	蒲甘散	B	未规定	119	注射用促黄体素释放激素 A_2	B	未规定
107	博落回散	C2374	未规定	120	注射用促黄体素释放激素 A_3	B	未规定
108	银黄可溶性粉	C2415	未规定	121	注射用复方鲑鱼促性腺激素释放激素类似物	B	未规定
疫苗				122	注射用复方绒促性素A型（水产用）	B	未规定
109	草鱼出血病灭活疫苗	A	未规定	123	注射用复方绒促性素B型（水产用）	B	未规定
110	草鱼出血病活疫苗（GCHV-892株）	B	未规定	124	注射用绒促性素（Ⅰ）	B	未规定
111	牙鲆鱼溶藻弧菌、鳗弧菌、迟缓爱德华氏菌病多联抗独特型抗体疫苗	B	未规定	其他			
112	嗜水气单胞菌败血症灭活疫苗	B	未规定	125	多潘立酮注射液	B	未规定
113	鱼虹彩病毒病灭活疫苗	C2152	未规定	126	盐酸甜菜碱预混剂（水产用）	B	0度日
114	大菱鲆迟钝爱德华氏菌活疫苗（EIBAV1株）	C2270	未规定				

一、抗菌药物

甲砜霉素粉

本品为甲砜霉素与淀粉配制而成，含甲砜霉素（$C_{12}H_{15}Cl_2NO_5S$）应为标示量的90.0%～110.0%。

【性状】本品为白色粉末。

【作用与用途】酰胺醇类抗生素。主要用于治疗鱼类细菌性疾病。

【用法与用量】以甲砜霉素计。拌饵投喂：一次量，每1kg体重，鱼16.7mg，每日1次，连用3～4日。

【不良反应】（1）本品有血液系统毒性，虽然不会引起再生障碍性贫血，但其引起的可逆性红细胞生成抑制却比氯霉素更常见。

（2）本品有较强的免疫抑制作用，约比氯霉素强6倍。

【休药期】500 度日。

【贮藏】遮光，密封，在干燥处保存。

氟苯尼考粉

本品含氟苯尼考（$C_{12}H_{14}FCl_2NO_4S$）应为标示量的 90.0%～110.0%。

【性状】本品为白色或类白色粉末。

【作用与用途】酰胺醇类抗生素。主要用于治疗鱼类细菌性疾病。

【用法与用量】以氟苯尼考计。拌饵投喂：一次量，每 1kg 体重，鱼 10～15mg，每日 1 次，连用 3～5 日。

【不良反应】本品高于推荐剂量使用时有一定的免疫抑制作用。

【休药期】375 度日。

【贮藏】密闭，在干燥处保存。

氟苯尼考注射液

本品为氟苯尼考的灭菌溶液。含氟苯尼考（$C_{12}H_{14}FCl_2NO_4S$）应为标示量的95.0%～105.0%。

【性状】本品为无色至微黄色的澄清液体。

【作用与用途】酰胺醇类抗生素。主要用于治疗鱼类细菌性疾病。

【用法与用量】以氟苯尼考计。肌肉注射：一次量，每 1kg 体重，鱼 0.5～1mg，每日 1 次。

【不良反应】本品高于推荐剂量使用时有一定的免疫抑制作用。

【休药期】375 度日。

【贮藏】密闭保存。

氟甲喹粉

本品含氟甲喹（$C_{14}H_{12}FNO_3$）应为标示量的 90.0%～110.0%。

【性状】本品为白色或类白色粉末。

【作用与用途】抗生素。主要用于革兰氏阴性菌所引起的急性消化道及呼吸道感染；鱼类由气单胞菌引起的多种细菌性疾病，如疖疮、竖鳞病、红点病、烂鳃病、烂尾病、溃疡等。

【用法与用量】以氟甲喹计。拌饵投喂：一次量，每 1kg 体重，鱼 25～50mg，每日 1 次，连用 3～5 日。

【不良反应】(1) 本品的水溶液遇光易变色分解，应避光保存。

(2) 抗菌活性略高于噁喹酸，对对噁喹酸敏感或耐药的细菌都有更好的作用，略高于 MIC 的浓度即具有杀菌活性。

(3) 在海水养殖鱼类比噁喹酸有更好的生物利用度。

【注意事项】(1) 避免与含阳离子(Al^{3+}、Mg^{2+}、Ca^{2+}、Fe^{2+}、Zn^{2+})的物质等同时内服。

(2) 避免与四环素、利福平、甲砜霉素和氟苯尼考等有拮抗作用的药物配伍。

【休药期】175 度日。

【贮藏】遮光、密封,在干燥处保存。

恩诺沙星粉

本品为恩诺沙星与淀粉配制而成。含恩诺沙星($C_{19}H_{22}FN_3O_3$)应为标示量的90.0%~110.0%。

【性状】本品为类白色粉末。

【作用与用途】氟喹诺酮类抗菌药物。主要用于治疗水产养殖动物由细菌性感染引起的出血性败血症、烂鳃病、打印病、肠炎病、赤鳍病、爱德华氏菌病等疾病。

【用法与用量】以恩诺沙星计。拌饵投喂:一次量,每 1kg 体重,鱼 10~20mg,连用 5~7 日。

【不良反应】(1) 可致幼年动物脊椎病变和影响软骨生长。

(2) 可致消化系统不良反应。

【注意事项】(1) 避免与含阳离子(Al^{3+}、Mg^{2+}、Ca^{2+}、Fe^{2+}、Zn^{2+})的物质等同时内服。

(2) 避免与四环素、利福平、甲砜霉素和氟苯尼考等有拮抗作用的药物配伍。

【休药期】500 度日。

【贮藏】密闭,在阴凉干燥处保存。

盐酸多西环素粉

本品为盐酸多西环素与淀粉、乳糖或葡萄糖配制而成。含盐酸多西环素按多西环素($C_{22}H_{24}N_2O_8$)计算,应为标示量的 90.0%~110.0%。

【性状】本品为淡黄色至黄色粉末。

【作用与用途】四环素类抗生素。主要用于治疗鱼类由弧菌、嗜水气单胞菌、爱德华氏菌等引起的细菌性疾病。

【用法与用量】以多西环素计。拌饵投喂:一次量,每 1kg 体重,鱼 20mg,连用 3~5 日。

【注意事项】(1) 均匀拌饵投喂。

(2) 长期应用可引起二重感染和肝脏损害。

【休药期】750 度日。

【贮藏】遮光,密封保存。

盐酸环丙沙星盐酸小檗碱预混剂

本品为盐酸环丙沙星、盐酸小檗碱与淀粉配制而成。含盐酸环丙沙星($C_{17}H_{18}FN_3O_3$ ·

HCl）应为标示量的 90.0%～110.0%。

【性状】本品为淡黄色粉末。

【作用与用途】抗菌药物。主要用于治疗鳗鲡顽固性细菌性疾病。

【用法与用量】以本品计。混饲：每 1 000kg 饲料，鳗鲡 15kg。连用 3～4 日。

【休药期】500 度日。

【贮藏】遮光，密闭，在阴凉干燥处保存。

维生素 C 磷酸酯镁盐酸环丙沙星预混剂

本品为维生素 C 磷酸酯镁、盐酸环丙沙星与淀粉配制而成。含维生素 C 磷酸酯镁（$C_{12}H_{12}Mg_3O_{18}P_2$）与盐酸环丙沙星（$C_{17}H_{18}FN_3O_3 \cdot HCl$），应为标示量的 90.0%～110.0%。

【性状】本品为淡黄色至黄色粉末。

【作用与用途】抗菌药物。迅速杀灭体内外细菌，促进伤口愈合，加速机体康复，预防细菌性疾病的感染。用于鳖体内外细菌性感染。

【用法与用量】以本品计。混饲：每 1 000kg 饲料，鳖 5kg，连用 3～5 日。

【休药期】500 度日。

【贮藏】遮光，密闭，阴凉干燥处保存。

磺胺间甲氧嘧啶钠粉

本品为磺胺间甲氧嘧啶钠与适宜辅料配制而成。含磺胺间甲氧嘧啶钠（$C_{11}H_{11}N_4NaO_3S$）应为标示量的 90.0%～110.0%。

【性状】本品为白色或类白色粉末。

【作用与用途】磺胺类抗菌药物。主要用于治疗养殖鱼类由气单胞菌、荧光假单胞菌、迟缓爱德华氏菌、鳗弧菌、副溶血弧菌等引起的细菌性疾病。

【用法与用量】以磺胺间甲氧嘧啶钠计。拌饵投喂：一日量，每 1kg 体重，鱼 80～160mg，首次用量加倍。连用 4～6 日。

【注意事项】（1）患有肝脏、肾脏疾病的水生动物慎用。

（2）为减轻对肾脏毒性，建议与 $NaHCO_3$ 合用。

【休药期】500 度日。

【贮藏】密封，在凉暗处保存。

复方磺胺嘧啶粉

本品为磺胺嘧啶、甲氧苄啶与淀粉配制而成。含磺胺嘧啶（$C_{10}H_{10}N_4O_2S$）与甲氧苄啶（$C_{14}H_{18}N_4O_3$）均应为标示量的 90.0%～110.0%。

【性状】本品为白色或类白色粉末。

【作用与用途】磺胺类抗菌药物。主要用于治疗草鱼、鲢、鲈、石斑鱼等由气单胞菌、荧光假单胞菌、副溶血弧菌、鳗弧菌引起的出血症、赤皮病、肠炎、腐皮病等疾病。

【用法与用量】以本品计。拌饵投喂：一次量，每 1kg 体重，鱼 0.3g，首次量加倍。一日 2 次，连用 3～5 日。

【不良反应】体弱、幼小的鱼给药时，可能对肝、肾、血液循环系统以及免疫系统功能造成损害。

【注意事项】(1) 患有肝脏、肾脏疾病的水生动物慎用。

(2) 为减轻对肾脏毒性，建议与 $NaHCO_3$ 合用。

【休药期】500 度日。

【贮藏】密封，在凉暗处保存。

复方磺胺二甲嘧啶粉

本品为磺胺二甲嘧啶、甲氧苄啶与淀粉配制而成。含磺胺二甲嘧啶（$C_{12}H_{14}N_4O_2S$）与甲氧苄啶（$C_{14}H_{18}N_4O_3$）均应为标示量的 90.0%～110.0%。

【性状】本品为白色或类白色粉末。

【作用与用途】磺胺类抗菌药物。主要用于治疗水产养殖动物由嗜水气单胞菌、温和气单胞菌等引起的赤鳍病、疖疮、赤皮病、肠炎、溃疡、竖鳞病等疾病。

【用法与用量】以本品计。拌饵投喂：一次量，每 1kg 体重，鱼 1.5g。一日 2 次，连用 6 日。

【不良反应】体弱、幼小的鱼大量及长期给药时，可能对肝、肾功能造成损害。

【注意事项】(1) 肝脏病变、肾脏病变的水生动物慎用。

(2) 为减轻对肾脏毒性，建议与 $NaHCO_3$ 合用。

【休药期】500 度日。

【贮藏】遮光，密封，在干燥处保存。

复方磺胺甲噁唑粉

本品为磺胺甲噁唑、甲氧苄啶与淀粉配制而成。含磺胺甲噁唑（$C_{10}H_{11}N_3O_3S$）与甲氧苄啶（$C_{14}H_{18}N_4O_3$）均应为标示量的 90.0%～110.0%。

【性状】本品为白色粉末。

【作用与用途】磺胺类抗菌药物。主要用于治疗淡水养殖鱼类、海鲈和大黄鱼由气单胞菌、荧光假单胞菌等引起的肠炎、败血症、赤皮病、溃疡等疾病。

【用法与用量】以本品计。拌饵投喂：每 1kg 体重，鱼 0.45～0.6g。一日 2 次，连用 5～7 日。首次量加倍。

【不良反应】体弱、幼小的鱼给药时，可能对肝、肾、血液循环系统、排泄系统以及免疫系统功能造成损害。

【注意事项】（1）患有肝脏、肾脏疾病的水生动物慎用。

（2）鳗鲡不宜使用本品。

（3）为减轻对肾脏毒性，建议与 $NaHCO_3$ 合用。

【休药期】500度日。

【贮藏】遮光，密封，在干燥处保存。

二、驱虫和杀虫药物

复方甲苯咪唑粉

本品为甲苯咪唑、盐酸左旋咪唑与玉米淀粉配制而成。含甲苯咪唑（$C_{16}H_{13}N_3O_3$）与盐酸左旋咪唑（$C_{11}H_{12}N_2S \cdot HCl$）均应为标示量的90.0%～110.0%。

【性状】本品为类白色粉末。

【作用与用途】抗蠕虫药。主要用于治疗鳗鲡指环虫、三代虫、车轮虫等蠕虫引起的感染。

【用法与用量】以本品计。浸浴：一次量，每 $1m^3$ 水体，鳗鲡2～5g（使用前经过甲酸预溶），浸浴20～30min。

【注意事项】（1）养殖贝类、螺类，斑点叉尾鮰、大口鲇禁用。

（2）日本鳗鲡等特种养殖动物慎用。

（3）在使用范围内，水温高时宜采用低剂量。

（4）在低溶氧情况下使用。

【休药期】500度日。

【贮藏】遮光，密闭保存。

甲苯咪唑溶液

本品为甲苯咪唑加适宜的溶剂制成的澄清溶液。含甲苯咪唑（$C_{16}H_{13}N_3O_3$）应为标示量的90.0%～110.0%。

【性状】本品为微黄色澄明液体。

【作用与用途】抗蠕虫药。主要用于治疗鱼类指环虫病、伪指环虫病、三代虫病等单殖吸虫病。

【用法与用量】以本品计。加2 000倍水稀释均匀后泼洒：治疗青鱼、草鱼、鲢、鳙、鳜的单殖吸虫病，每 $1m^3$ 水体，0.1～0.15g；治疗欧洲鳗鲡、美洲鳗鲡的单殖吸虫病，每 $1m^3$ 水体，0.25～0.5g。

【不良反应】按推荐用法用量使用，未见不良反应。

【注意事项】斑点叉尾鮰、大口鲇禁用，特殊养殖品种慎用。

【休药期】500度日。

【贮藏】通风，密封保存。

地克珠利预混剂

本品为地克珠利与豆粕粉或麸皮、淀粉配制而成。含地克珠利（$C_{17}H_9Cl_3N_4O_2$）应为标示量的 90.0%～110.0%。

【作用与用途】抗原虫药。主要用于防治鲤科鱼类由黏孢子虫、碘泡虫、尾孢虫、四极虫、单极虫等引起的孢子虫病。

【用法与用量】以有效成分计。拌饵投喂：一日量，每 1kg 体重，鱼 2.0～2.5mg。连用 5～7 日。

【注意事项】药料应充分混匀，否则影响疗效。

【休药期】500 度日。

【贮藏】遮光，密闭，在干燥处保存。

阿苯达唑粉

本品为阿苯达唑与适宜辅料配制而成。含阿苯达唑（$C_{12}H_{15}N_3O_2S$）应为标示量的90.0%～110.0%。

【性状】本品为类白色粉末。

【作用与用途】抗蠕虫药。主要用于治疗海水养殖鱼类由双鳞盘吸虫、本尼登虫感染引起的寄生虫病，淡水养殖鱼类由指环虫、三代虫等感染引起的寄生虫病。

【用法与用量】以本品计。拌饵投喂：一次量，每 1kg 体重，鱼 0.2g。一日 1 次，连用 5～7 日。

【休药期】500 度日。

【贮藏】密闭，干燥处保存。

吡喹酮预混剂

本品为吡喹酮与淀粉配制而成。含吡喹酮（$C_{19}H_{24}N_2O_2$）应为标示量的 90.0%～110.0%。

【性状】本品为白色或类白色粉末。

【作用与用途】抗蠕虫药。主要用于驱杀鱼体内棘头虫、绦虫等寄生虫。

【用法与用量】以本品计。拌饵投喂：一次量，每 1kg 体重，鱼 0.05～0.1g。每 3～4 日 1 次，连续 3 次。

【注意事项】（1）用药前停食 1 日。

（2）团头鲂慎用。

【休药期】500 度日。

【贮藏】遮光，密封保存。

辛硫磷溶液

本品为辛硫磷加适宜的乳化剂和溶剂制成的溶液。含辛硫磷（$C_{12}H_{15}N_2O_3PS$）应为标示量的 90.0%～110.0%。

【性状】本品为淡黄色至黄褐色的澄清液体，有刺激性特臭。

【作用与用途】有机磷类杀虫药。主要用于杀灭或驱除寄生于青鱼、草鱼、鲢、鳙、鲤、鲫和鳊等鱼体上的中华鳋、锚头鳋、鲺、鱼虱、三代虫、指环虫、线虫等寄生虫。

【用法用量】以辛硫磷计。将本品用水充分稀释后，全池均匀泼洒：每 $1m^3$ 水体，0.01g～0.012g。

【注意事项】(1) 禁与强氧化剂、碱性药物合用。

(2) 虾、蟹、无鳞鱼、淡水白鲳和鳜禁用，鲌、鮰和鲷慎用。

(3) 在水体缺氧时不得使用。

(4) 水质较瘦，透明度高于 30cm 时，按低限剂量使用，苗种按低限剂量减半。

(5) 春秋季节或水温低时按低限剂量使用。

(6) 水深超过 1.8m 时，应慎用，避免用药后池底药物浓度过高。

(7) 本品应妥善存放保管，使用后的废弃物应妥善处理。

【休药期】500 度日。

【贮藏】遮光，在干燥处保存。

敌百虫溶液

本品为敌百虫的无水乙醇溶液。含敌百虫（$C_4H_8Cl_3O_4P$）应为标示量的 90.0%～110.0%。

【性状】本品为淡黄色的澄清液体。

【作用与用途】驱虫药和杀虫药。主要用于杀灭或驱除主要淡水养殖鱼类的中华鳋、锚头鳋、鲺、鱼虱、三代虫、指环虫、线虫等寄生虫。

【用法用量】以敌百虫计。用水充分稀释后，全池均匀泼洒：每 $1m^3$ 水体，0.1～0.2g。

【注意事项】(1) 虾、蟹、鳜、淡水白鲳、无鳞鱼、海水鱼禁用；特种水产动物慎用。

(2) 禁与碱性药物合用。

(3) 水中溶氧低时不得使用。

(4) 中毒时，用阿托品与碘解磷定等解救。

(5) 水质较瘦，透明度高于 30cm 时，按低限剂量使用，苗种按低限剂量减半。

(6) 春秋季节或水温低时按低限剂量使用。

(7) 水深超过 1.8m 时，应慎用，以免用药后池底药物浓度过高。

(8) 用完后的容器应妥善处理，不得随意丢弃。

【休药期】500 度日。

【贮藏】密封，在干燥处保存。

精制敌百虫粉

本品为精制敌百虫与无水硫酸钠混合配制而成。含敌百虫（$C_4H_8Cl_3O_4P$）应为标示量的90.0%～110.0%。

【性状】本品为白色或类白色粉末，在空气中易吸湿。

【作用与用途】驱虫药和杀虫药。主要用于杀灭或驱除主要淡水养殖鱼类的中华鳋、锚头鳋、鲺、三代虫、指环虫、线虫、吸虫等寄生虫。

【用法与用量】以敌百虫计。用水溶解并充分稀释后均匀泼洒：每1m^3水体，0.18～0.45g。鱼苗用量减半。

【注意事项】（1）虾、蟹、鳜、淡水白鲳、无鳞鱼、海水鱼禁用；特种水产动物慎用。

（2）禁与碱性药物合用。

（3）水中溶氧低时不得使用。

（4）中毒时，用阿托品与碘解磷定等解救。

（5）用完后的容器应妥善处理，不得随意丢弃。

【休药期】500度日。

【贮藏】密封，干燥处保存。

盐酸氯苯胍粉

本品为盐酸氯苯胍与淀粉配制而成。含盐酸氯苯胍（$C_{15}H_{13}Cl_2N_5 \cdot HCl$）应为标示量的90.0%～110.0%。

【性状】本品为白色至淡黄色粉末。

【作用与用途】抗原虫药。主要用于治疗鱼类孢子虫病。

【用法与用量】以本品计。拌饵投喂：一次量，每1kg体重，鱼40mg，苗种减半。连用3～5日。

【注意事项】（1）搅拌均匀，严格按照推荐剂量使用。

（2）斑点叉尾鮰慎用。

【休药期】500度日。

【贮藏】遮光，密闭，在干燥处保存。

氯硝柳胺粉

本品为氯硝柳胺与沸石粉配制而成。含氯硝柳胺（$C_{13}H_8Cl_2N_2O_4$）应为标示量的90.0%～110.0%。

【性状】本品为淡黄色粉末。

【作用与用途】清塘药。主要用于杀灭养殖池塘内的钉螺、椎实螺和野杂鱼等。

【用法与用量】以本品计。使用前用适量水溶解并充分稀释，全池泼洒：每 $1m^3$ 水体，1.25g。

【注意事项】（1）本品不能与碱性药物混用。

（2）用药清塘7～10日后试水，在确认无毒性后方可投放苗种。

（3）使用时应现用现配。

（4）用完后的容器不得随意丢弃，应妥善处置。

【休药期】500度日。

【贮藏】遮光，密封保存。

硫酸锌粉

本品为硫酸锌与沸石粉配制而成。含硫酸锌（$ZnSO_4 \cdot 7H_2O$）应为标示量的90.0%～110.0%。

【性状】本品为类白色至淡黄色粉末。

【作用与用途】杀虫药。主要用于杀灭或驱除河蟹、虾类等水产养殖动物的固着类纤毛虫。

【用法与用量】以本品计。用水稀释后，全池遍洒：治疗，一次量，每 $1m^3$ 水体，0.75～1g，每日1次，病情严重可连用1～2次；预防，每 $1m^3$ 水体，0.2～0.3g，每15～20日1次。

【注意事项】（1）禁用于鳗鲡。

（2）幼苗期及脱壳期慎用。

（3）高温低压天气注意增氧。

（4）水过肥时，应换水后使用。

（5）有丝状藻类、污物附着时，隔日重复使用一次。

【贮藏】密闭保存。

硫酸锌三氯异氰脲酸粉

本品为硫酸锌与三氯异氰脲酸配制而成。含一水硫酸锌（$ZnSO_4 \cdot H_2O$）应为标示量的90.0%～110.0%；含有效氯（Cl）不得少于标示量的90.0%。

【性状】本品为白色或类白色粉末，有次氯酸的刺激性气味。

【作用与用途】杀虫药。主要用于杀灭或驱除河蟹、虾类等水产养殖动物的固着类纤毛虫。

【用法与用量】以本品计。用水稀释后，全池遍洒：一次量，每 $1m^3$ 水体，0.3g。

【注意事项】（1）禁用于鳗鲡。

（2）幼苗期及脱壳期慎用。

（3）高温低压天气注意增氧。

（4）水过肥时，应换水后使用。

（5）有丝状藻类、污物附着时，隔日重复使用一次。

【贮藏】密闭，在凉暗干燥处保存。

硫酸铜硫酸亚铁粉

本品为硫酸铜与硫酸亚铁以及沸石粉配制而成。含硫酸铜（以 $CuSO_4 \cdot 5H_2O$ 计）与硫酸亚铁（以 $FeSO_4 \cdot 7H_2O$ 计）应为标示量的 90.0%～110.0%。

【性状】本品为淡蓝色粉末。

【作用与用途】杀虫药。主要用于杀灭或驱除草鱼、鲢、鳙、鲫、鲤、鲈、桂花鱼、鳗鲡、胡子鲇的鳃隐鞭虫、车轮虫、斜管虫、固着类纤毛虫等寄生虫。

【用法与用量】以本品计。浸浴法：一次量，每 $1m^3$ 水体，10g，浸浴 15～30min。遍洒法：每 $1m^3$ 水体，水温低于 30℃，1g；水温超过 30℃，0.6～0.7g。

【不良反应】对水体中藻类有杀灭作用。

【注意事项】（1）不能长期使用，以免影响有益藻类生长。

（2）勿与生石灰等碱性物质同时使用。

（3）鲟、鲂、长吻鮠等鱼慎用。

（4）瘦水塘、鱼苗塘、低硬度水适当减少用量。

（5）用药后注意增氧，缺氧时勿用。

（6）勿用金属容器盛装。

【贮藏】密闭保存。

氰戊菊酯溶液

本品为氰戊菊酯加适宜的乳化剂制成的溶液。含氰戊菊酯（$C_{25}H_{22}ClNO_3$）应为标示量的 90.0%～110.0%。

【性状】本品为淡黄色的澄清液体。

【作用与用途】杀虫药。主要用于杀灭或驱除青鱼、草鱼、鲢、鳙、鲫、鳊、黄鳝、鳜和鲇等鱼类体表的锚头鳋、中华鳋、鱼虱、鲺、三代虫、指环虫等寄生虫。

【用法与用量】以氰戊菊酯计。使用时将本品用水充分稀释。全池均匀泼洒：一次量，在水温 15～25℃时，每 $1m^3$ 水体，1.5mg；在水温 25℃以上时，每 $1m^3$ 水体，3mg。病情严重可隔日重复使用一次。

【注意事项】（1）缺氧水体禁用。

（2）虾、蟹和鱼苗禁用。

（3）使用本品前 24h 和用后 72h 内不得使用消毒剂。

（4）严禁同其他药物合用。

（5）本品应妥善存放，废弃包装应妥善处理。

【休药期】500 度日。

【贮藏】密封、干燥处保存。

溴氰菊酯溶液

本品为溴氰菊酯加适宜的乳化剂和溶剂制成的溶液。含溴氰菊酯（$C_{22}H_{19}Br_2NO_3$）应为标示量的 90.0%～110.0%。

【性状】本品为淡黄色的澄清液体，有刺激性特臭。

【作用与用途】杀虫药。主要用于杀灭或驱除青鱼、草鱼、鲢、鳙、鲫、鳊、黄鳝、鳜和鲇等鱼类养殖水体及体表的锚头鳋、中华鳋、鱼虱、鲺、三代虫、指环虫等寄生虫。

【用法与用量】以溴氰菊酯计。全池均匀泼洒：使用时将本品用水充分稀释，一次量，每 $1m^3$ 水体，0.15～0.22mg。

【注意事项】（1）缺氧水体禁用。

（2）虾、蟹和鱼苗禁用。

（3）使用本品前 24h 和用后 72h 内不得使用消毒剂。

（4）严禁同其他药物合用。

（5）本品应妥善存放，废弃包装应妥善处理。

【休药期】500 度日。

【贮藏】密封保存。

高效氯氰菊酯溶液

本品为高效氯氰菊酯加适宜的乳化剂和溶剂等制成。含高效氯氰菊酯（$C_{22}H_{19}Cl_2NO_3$）应为标示量的 90.0%～110.0%。

【性状】本品为黄色至浅褐色的澄清液体，有刺激性气味。

【作用与用途】杀虫药。主要用于杀灭寄生于青鱼、草鱼、鲢、鳙、鲤、鲫、鳊等鱼体上的中华鳋、锚头鳋、鲺、三代虫、指环虫等寄生虫。

【用法与用量】以本品计。使用前用 2 000 倍水稀释，全池均匀泼洒：每 $1m^3$ 水体，0.02～0.03mL。

【注意事项】（1）当水温较低时，按低剂量使用。

（2）水体溶氧低时不得用药。

（3）虾、蟹及鱼苗禁用。

（4）严禁同碱性或强氧化性药物混合使用。

（5）用完后的废弃包装物应妥善处理。

【休药期】500 度日。

【贮藏】密封，在干燥处保存。

三、抗真菌药物

复方甲霜灵粉（水产用）

本品为甲霜灵、一水硫酸亚铁。

【性状】本品为淡黄色粉末。

【作用与用途】抗真菌药。主要用于预防和治疗水霉菌等真菌引起的淡水鱼感染。

【用法与用量】以本品计。浸浴：每 $1m^3$ 水体 20g，浸浴 2h；泼洒：每亩*（水深 1m）200g，用池水稀释后全池泼洒。

【注意事项】本品不可与硫代硫酸钠、碱性药物、含铝制剂和含巯基的药物同时使用。

【休药期】240 度日。

【贮藏】遮光，在阴凉干燥处保存。

四、消毒药物

三氯异氰脲酸粉

本品为三氯异氰脲酸与无水硫酸钠配制而成，含有效氯（Cl）应为标示量的94.0%～106.0%。

【性状】本品为白色或类白色粉末，有次氯酸的刺激性气味。

【作用与用途】消毒药。主要用于鱼、虾细菌性疾病的治疗及鱼、虾养殖水体的消毒。

【用法与用量】以有效氯（Cl）计。用水稀释 1 000～3 000 倍后，全池泼洒：每 $1m^3$ 水体，0.156～0.208g。每日 1 次，连用 1～2 次。

【注意事项】（1）本品对皮肤、黏膜有强刺激作用和腐蚀性，注意使用人员的防护，使用时不能用金属器皿。

（2）勿与碱性药物、油脂、硫酸亚铁等混合使用。

（3）根据不同的鱼类和水体 pH，使用剂量适当增减。

【贮藏】密封，在凉暗处保存。

三氯异氰脲酸粉（水产用）

本品为三氯异氰脲酸与无水硫酸钠配制而成。含有效氯（Cl）应为标示量的 90.0%～

---

* 亩为非法定计量单位，15 亩=$1hm^2$，下同。——编者注

110.0%。

【性状】本品为白色或类白色粉末，有次氯酸的刺激性气味。

【作用与用途】消毒防腐药。主要用于鱼、虾细菌性疾病的治疗及鱼、虾养殖水体的消毒。

【用法与用量】以有效氯（Cl）计。用水稀释 1 000～3 000 倍后，全池泼洒：每 $1m^3$ 水体，一次量，0.09～0.135g。每日 1 次，连用 1～2 次。

清塘，每 $1m^3$ 水体，0.3g。

【注意事项】(1) 不得使用金属器具盛装。

(2) 缺氧、浮头前后严禁使用。

(3) 水质较瘦、透明度高于 30cm 时，剂量酌减。

(4) 苗种剂量减半。

(5) 无鳞鱼的溃烂、腐皮病慎用。

【贮藏】密封，在凉暗处保存。

戊二醛苯扎溴铵溶液

本品含戊二醛（$C_5H_8O_2$）和烃铵盐（以 $C_{22}H_{40}BrN$ 计）均应为标示量的 90.0%～110.0%。

【性状】本品为无色至淡黄色的澄清液体，有特臭。

【作用与用途】消毒剂。主要用于水产养殖动物、养殖器皿的消毒。

【用法与用量】以戊二醛计。药浴：每 $1m^3$ 水体，150mg，10min。

【注意事项】(1) 勿与阴离子类活性剂及无机盐类消毒剂混用。

(2) 软体动物和鲑等冷水性鱼类慎用。

(3) 废弃包装应集中销毁。

【贮藏】密封，在凉暗处保存。

稀戊二醛溶液（水产用）

本品系由浓戊二醛溶液加适量强化剂稀释制成的溶液。含戊二醛（$C_5H_8O_2$）应为标示量的 90.0%～110.0%（g/mL）。

【性状】本品为无色至微黄色的澄清液体；有特臭。

【作用与用途】消毒防腐药。主要用于水体消毒，防治水产养殖动物由弧菌、嗜水气单胞菌、爱德华氏菌等引起的细菌性疾病。

【用法与用量】以戊二醛计。用水稀释 300～500 倍后，全地遍洒：治疗，一次量，每 $1m^3$ 水体，40mg。每 2～3 日 1 次，连用 2～3 次；预防，每 $1m^3$ 水体，40mg，每隔 15 日 1 次。

【注意事项】(1) 勿与强碱类物质混用。

(2) 水质清瘦时慎用。

(3) 池塘使用后注意增氧。

（4）勿用金属容器盛装。

（5）避免接触皮肤和黏膜。

【贮藏】密封，在凉暗处保存。

稀戊二醛溶液（水产用）

本品为戊二醛的水溶液。含戊二醛（$C_5H_8O_2$）应为标示量的95.0%～105.0%。

【性状】本品为淡黄色的澄清液体，有刺激性特臭。

【作用与用途】消毒防腐药。主要用于水体消毒，防治水产养殖动物由弧菌、嗜水气单胞菌、爱德华氏菌等引起的细菌性疾病。

【用法与用量】以戊二醛计。用水稀释300～500倍后使用。全地遍洒：治疗，一次量，每$1m^3$水体，40mg，每2～3日1次，连用2～3次；预防，每$1m^3$水体，40mg，每隔15日1次。

【注意事项】（1）勿与强碱类物质混用。

（2）水质清瘦时慎用。

（3）池塘使用后注意增氧。

（4）勿用金属容器盛装。

（5）避免接触皮肤和黏膜。

【贮藏】密封，在凉暗处保存。

次氯酸钠溶液（水产用）

本品为次氯酸钠溶液与表面活性剂等配制而成。含有效氯（Cl）不得少于5.0%。

【性状】本品为淡黄色液体。

【作用与用途】消毒药。主要用于养殖水体的消毒，防治鱼、虾、蟹等水产养殖动物由细菌感染引起的出血症、烂鳃病、腹水、肠炎、疖疮、腐皮病等疾病。

【用法与用量】以本品计。用水稀释300～500倍后，全池遍洒：治疗，一次量，每$1m^3$水体，1～1.5mL，每2～3日1次，连用2～3次；预防，每$1m^3$水体，1～1.5mL，每隔15日1次。

【注意事项】（1）本品受环境因素影响较大，使用时应注意环境条件。在水温偏高时、pH较低时、施肥前使用效果较好。

（2）养殖水体，水深超过2m时，按2m水深计算用药。

（3）勿用金属器具盛装。

（4）本品有腐蚀性，会伤害皮肤。

（5）废弃包装应集中销毁。

【贮藏】密闭，在凉暗处保存。

过碳酸钠（水产用）

本品为过碳酸钠（$2Na_2CO_3 \cdot 3H_2O_2$）。含有效氧（O）不得少于 10.5%。

【性状】本品为白色粉末或颗粒。

【作用与用途】水质改良剂。主要用于缓解和解除鱼、虾、蟹等水产养殖动物因缺氧引起的浮头和泛塘。

【用法与用量】以本品计。在浮头处泼洒：一次量，每 $1m^3$ 水体，1.0～1.5g。严重浮头时用量加倍。

【注意事项】（1）不得与金属、有机溶剂、还原剂等接触。

（2）按浮头处水体计算药品用量。

（3）视浮头程度决定用药次数。

（4）本品为缺氧急救药品，发生浮头时，表示水体严重缺氧，本品撒入水体后，其所携带氧气很快为水生生物消耗，因此，还应采取冲水、增氧等措施，防止水生生物大量死亡。

（5）废弃包装应集中销毁。

【贮藏】阴凉、干燥通风处密封贮藏，防止日晒、雨淋、受潮、受热。不得与酸类物质混贮。码放高度不得超过 5 箱。

过硼酸钠粉（水产用）

本品由两个独立包装组成，大包为过硼酸钠与无水硫酸钠，小包为沸石粉。大包含过硼酸钠（$NaBO_3 \cdot 4H_2O$）不得少于 50.0%。

【性状】大包为白色结晶性粉末，小包为灰白色粉末。

【作用与用途】水质改良剂。主要用于增加水中溶氧，改善水质。

【用法与用量】以本品计。大包、小包按 2∶1 称取，使用前在干燥容器中混合均匀后直接泼洒在鱼、虾浮头集中处，泼洒面积约为总水体面积的 1/4。

预防：用于改善水质、预防水产动物浮头时，每 $1m^3$ 水体，0.4g。

治疗：用于救治水产动物浮头、泛池时，每 $1m^3$ 水体，0.75g。

【注意事项】（1）本品为缺氧急救药品，根据缺氧程度适当增减用量，并配合充水、使用增氧机等措施改善水质。

（2）本品如有轻微结块，压碎使用。

（3）废弃包装应集中销毁。

【休药期】0 度日。

【贮藏】密封，干燥通风处保存，并与易燃物隔离。

过氧化钙粉（水产用）

本品为过氧化钙与碳酸钙配制而成。含过氧化钙（CaO_2）应为标示量的 90.0%～110.0%。

【性状】本品为白色粉末。

【作用与用途】增氧剂。主要用于鱼池增氧，防治鱼类缺氧浮头。

【用法与用量】以本品计。泼洒：每 $1m^3$ 水体，一次量，预防，0.4～0.8g；鱼浮头急救，0.8～1.6g（先在鱼、虾集中处施撒，剩余部分全池施撒）。

直接投放（不搅拌）：长途运输预防浮头，每 $1m^3$ 水体，8～15g；每5～6h（或酌情缩短间隔时间）1次。

【注意事项】（1）对于一些无更换水源的养殖水体，应定期使用本品，一般每5～10日泼洒一次。

（2）严禁与其他化学试剂（如含氯制剂、消毒剂、还原剂等）混放。

（3）观赏鱼长途运输时禁用。

【贮藏】通风、阴凉处保存。

过氧化氢溶液（水产用）

本品含过氧化氢（H_2O_2）应为26.0%～28.0%。

【性状】本品为无色澄清液体；无臭或有类似臭氧的臭气；遇氧化物或还原物迅速分解并出现泡沫，遇光易变质。

【作用与用途】增氧剂。主要用于增加水体溶解氧。

【用法与用量】以本品计。用水稀释至少100倍后泼洒：每 $1m^3$ 水体，一次量，0.3～0.4mL。

【注意事项】本品为强氧化剂、腐蚀剂，使用时顺风向泼洒，勿将药液接触皮肤，如接触皮肤应立即用清水洗净。

【贮藏】密封，凉暗处保存。

含氯石灰（水产用）

本品含有效氯（Cl）不得少于25.0%。

【性状】本品为灰白色颗粒性粉末；有氯臭；在空气中即吸收水分与二氧化碳而缓缓分解；水溶液遇红色石蕊试纸显碱性反应，随即将试纸漂白。

【作用与用途】消毒药。主要用于水体的消毒，防治水产养殖动物由弧菌、嗜水气单胞菌、爱德华氏菌等细菌引起的细菌性疾病。

【用法与用量】以本品计。用水稀释1 000～3 000倍后泼洒：一次量，每 $1m^3$ 水体，1.0～1.5g，一日1次，连用1～2次。

【注意事项】（1）不得使用金属器具。

（2）缺氧、浮头前后严禁使用。

（3）水质较瘦、透明度高于30cm时，剂量减半。

（4）苗种慎用。

（5）本品杀菌作用快而强，但不持久，且受有机物的影响，在实际使用时，本品需与被消毒物至少接触 15min。

【贮藏】密封保存。

苯扎溴铵溶液（水产用）

本品为苯扎溴铵的水溶液。含烃铵盐（以 $C_{22}H_{40}BrN$ 计算）应为标示量的 95.0%～105.0%。

【性状】本品为无色至淡黄色的澄清液体；气芳香；强力振摇则产生大量泡沫，遇低温可能发生混浊或沉淀。

【作用与用途】消毒防腐药。主要用于养殖水体的消毒，防治水产养殖动物由细菌性感染引起的出血症、烂鳃病、腹水、肠炎、疖疮、腐皮病等疾病。

【用法与用量】以苯扎溴铵计。用水稀释 300～500 倍后，全池遍洒：

治疗，一次量，每 $1m^3$ 水体，0.1～0.15g，每隔 2～3 日用 1 次，连用 2～3 次。

预防，每 $1m^3$ 水体，0.1～0.15g，每隔 15 日 1 次。

【注意事项】（1）禁与阴离子表面活性剂、碘化物和过氧化物等混用。

（2）软体动物、鲑等冷水性鱼类慎用。

（3）水质较清的养殖水体慎用。

（4）使用后注意池塘增氧。

（5）勿用金属容器盛装。

（6）废弃包装应集中销毁。

【贮藏】遮光，密闭保存。

癸甲溴铵碘复合溶液

本品为癸甲溴铵与碘配制而成的水溶液。含癸甲溴铵（$C_{22}H_{48}BrN$）和碘（I）均应为标示量的 90.0%～110.0%。

【性状】本品为红棕色液体。

【作用与用途】消毒药。主要用于畜禽养殖场、水产养殖场等的消毒，也用于防治水产养殖动物细菌性和病毒性疾病。

【用法与用量】以癸甲溴铵计。浸泡、喷洒、喷雾，厩舍、器具、种蛋消毒：用水配成 0.005%的溶液后使用。

水产养殖动物，用水稀释 3 000～5 000 倍后，全池均匀泼洒：每 $1m^3$ 水体用 0.08～0.1g。治疗，隔日 1 次，连用 2～3 次；预防，每 15 日 1 次。

【注意事项】禁与肥皂合成洗涤剂混合使用。

【贮藏】遮光，密闭，在阴凉干燥处保存。

高碘酸钠溶液（水产用）

本品为高碘酸钠的水溶液。含高碘酸钠（$NaIO_4$）应为标示量的90.0%～110.0%。

【性状】本品为无色至淡黄色澄清液体。

【作用与用途】消毒药。主要用于养殖水体的消毒，防治鱼、虾、蟹等水产养殖动物由弧菌、嗜水气单胞菌、爱德华氏菌等引起的出血症、烂鳃病、腹水、肠炎、疖疮、腐皮病等疾病。

【用法与用量】以高碘酸钠计。用300～500倍水稀释后全池泼洒：每1m^3水体，一次量，15～20mg。治疗，每2～3日1次，连用2～3次；预防，每15日1次。

【注意事项】(1) 勿用金属容器盛装。

(2) 勿与强碱类物质及含汞类药物混用。

(3) 软体动物、鲑等冷水性鱼类慎用。

(4) 对皮肤有刺激性。

【贮藏】密封，在凉暗处保存。

蛋氨酸碘粉

本品为蛋氨酸碘与蛋氨酸或蛋白粉等基质配制而成。含有效碘（I）应为4.5%～6.0%。

【性状】本品为黄棕色至红棕色粉末。

【作用与用途】消毒药。主要用于对虾白斑综合征。

【用法用量】以本品计。混饲：每1 000kg饲料，对虾100～200g。一日1～2次，连用2～3日。

【注意事项】勿与维生素C等强还原物质同时使用。

【休药期】虾0日。

【贮藏】遮光，密封保存。

蛋氨酸碘溶液

本品含蛋氨酸碘按有效碘（I）计算，应为4.5%～6.0%。

【性状】本品为黄棕色至红棕色液体，略黏稠。

【作用与用途】消毒药。

(1) 用于对虾白斑综合征。

(2) 用于水体、对虾和鱼类体表消毒。

(3) 用于畜禽厩舍消毒。

【用法用量】以本品计。

水体消毒：每1m^3水体，60～100mg，稀释1 000倍后全池泼洒。

体表消毒：每1L水体，虾6mg，鱼1mg，作用20min。

畜禽厩舍消毒：稀释500倍后喷洒。

【注意事项】勿与维生素C等强还原物质同时使用。

【休药期】鱼、虾0日。

【贮藏】遮光，密封保存。

硫代硫酸钠粉（水产用）

本品为五水硫代硫酸钠和无水硫酸钠配制而成。含硫代硫酸钠（$Na_2S_2O_3 \cdot 5H_2O$）应为标示量的95.0%～105.0%。

【性状】本品为无色、透明的结晶或结晶性细粒。

【作用与用途】水质改良剂。主要用于池塘水质改良。

【用法与用量】以本品计。用水充分溶解后稀释1 000倍，全池遍洒：一次量，每$1m^3$水体，1.5g。每10日1次。

【注意事项】（1）用于海水可能出现混浊或变黑，属正常现象。

（2）使用后注意水体增氧。

（3）禁与强酸性物质混存、混用。

【贮藏】密闭保存。

硫酸铝钾粉（水产用）

本品为硫酸铝钾与无水硫酸钠配制而成。含硫酸铝钾［$KAl(SO_4)_2 \cdot 12H_2O$］应为标示量的90.0%～110.0%。

【性状】本品为白色至淡黄色粉末。

【作用与用途】水质改良剂。主要用于鱼、虾、蟹等养殖水体的净化。

【用法与用量】以本品计。用水充分溶解后稀释300倍，全池遍洒：一次量，每$1m^3$水体，0.5g。

【注意事项】（1）勿与强酸强碱类物质混合。

（2）勿用金属器皿盛装。

（3）避免雨淋受潮。

【贮藏】密封，干燥通风处保存。

碘附（Ⅰ）

本品含碘（I）不得少于2.70%（g/mL）。

【性状】本品为红棕色黏稠液体。

【作用与用途】消毒剂。用于手术部位和手术器械消毒及厩舍、饲喂器具、种蛋消毒，水产养殖动物机体、受精卵和养殖用器具的浸泡消毒。

【用法用量】以本品计。喷洒、冲洗、浸泡：手术部位和手术器械消毒，用水 1∶（3～6）稀释；厩舍、饲喂器具、种蛋消毒，用水 1∶（100～200）稀释。水产养殖动物机体、苗种、受精卵和养殖用器具消毒，用水 1∶1 000 稀释，充分浸泡 10～30min。

【注意事项】（1）勿用金属容器盛装。

（2）对碘过敏的动物禁用。

（3）勿与强碱性物质混用。

（4）使用过程中，水产动物如出现异常状况，立即停止使用。

（5）废弃包装应集中销毁。

【贮藏】遮光，密封保存。

复合碘溶液（水产用）

本品为碘与磷酸等配制而成的水溶液。含活性碘 1.8%～2.0%（g/g），磷酸 16.0%～18.0%（g/g）。

【性状】本品为红棕色黏稠液体。

【作用与用途】消毒药。主要用于防治水产养殖动物细菌性和病毒性疾病。

【用法与用量】以本品计。用水稀释后全池遍洒：一次量，每 $1m^3$ 水体，0.1mL。治疗：隔日 1 次，连用 2～3 次；预防：疾病高发季节，每隔 7 日 1 次。

【注意事项】（1）不得与强碱或还原剂混合使用。

（2）冷水鱼慎用。

【贮藏】密闭，在阴凉干燥处保存。

溴氯海因粉（水产用）

本品为溴氯海因与无水硫酸钠等配制而成。含溴氯海因（$C_5H_6N_2BrClO_2$）应为标示量的 90.0%～110.0%。

【性状】本品为类白色至淡黄色结晶性粉末，有次氯酸的刺激性气味。

【作用与用途】消毒防腐药。用于养殖水体消毒，防治鱼、虾、蟹、鳖、贝、蛙等水产养殖动物由弧菌、嗜水气单胞菌、爱德华氏菌等引起的出血病、烂鳃病、腐皮病、肠炎。

【用法与用量】以溴氯海因计。用 1 000 倍以上的水稀释后泼洒：治疗，一次量，每 $1m^3$ 水体，0.03～0.04g，每日 1 次，连用 2 次；预防，一次量，每 $1m^3$ 水体，0.03～0.04g，每 15 日 1 次。

【注意事项】（1）勿用金属容器盛装。

（2）缺氧水体禁用。

（3）水质较清，透明度高于 30cm 时，剂量酌减。

（4）苗种剂量减半。

【贮藏】密封，在凉暗处保存。

聚维酮碘溶液（Ⅱ）

本品含聚维酮碘按有效碘（I）计算，应为标示量的8.5%～12.0%。

【性状】本品为红棕色液体。

【作用与用途】消毒防腐药。用于手术部位、皮肤黏膜的消毒；也可用于养殖水体的消毒，防治水产养殖动物由弧菌、嗜水气单胞菌、爱德华氏菌等引起的细菌性疾病。

【用法与用量】以聚维酮碘计。皮肤消毒及治疗皮肤病，5%溶液；奶牛乳头浸泡，0.5%～1%溶液；黏膜及创面冲洗，0.1%溶液；水体消毒，用水稀释300～500倍后，全池遍洒。治疗，一次量，每1m^3水体，45～75mg，隔日1次，连用2～3次；预防，每1m^3水体，45～75mg，隔7日1次。

【注意事项】（1）对碘过敏动物禁用。

（2）小动物用碘涂擦皮肤消毒后，宜用70%酒精脱碘，避免引起发炎。

（3）不应与含汞药物配伍。

（4）水体缺氧时禁用。

（5）勿用金属容器盛装。

（6）勿与强碱类物质及重金属物质混用。

（7）冷水鱼慎用。

【贮藏】密封，在凉暗处保存。

聚维酮碘溶液（水产用）

本品含聚维酮碘按有效碘（I）计算，应为标示量的8.5%～12.0%。

【性状】本品为红棕色液体。

【作用与用途】消毒防腐药。用于养殖水体的消毒。防治水产养殖动物由弧菌、嗜水气单胞菌、爱德华氏菌等引起的细菌性疾病。

【用法与用量】以聚维酮碘计。用水稀释300～500倍后，全池遍洒。治疗，一次量，每1m^3水体，45～75mg，隔日1次，连用2～3次；预防，每1m^3水体，45～75mg，隔7日1次。

【注意事项】（1）水体缺氧时禁用。

（2）勿用金属容器盛装。

（3）勿与强碱类物质及重金属物质混用。

（4）冷水鱼慎用。

【休药期】500度日。

【贮藏】密封，在凉暗处保存。

复合亚氯酸钠粉

本品含亚氯酸钠和酸。

【性状】本品为白色至微黄色粉末，有次氯酸的刺激性气味。

【作用与用途】消毒防腐药。用于养殖水体、畜禽圈舍及器具等消毒，防治鱼、虾常见的细菌性疾病。

【用法与用量】按照下表中用途计算用量，配制溶液时，先将10倍药品重量的水称量于容器中，再将药品缓缓倒入水中，搅拌溶解均匀，静置活化30min，待溶液变成深黄色，加水稀释至使用浓度。用于养殖水体和鱼、虾时，将活化后溶液加水稀释2 000倍再全池均匀泼洒；用于畜禽圈舍及器具时，将活化后溶液按下表中说明加水至稀释浓度即可（表中用量均以本品计）。

用途	用量	用法
鱼苗、鱼种	0.8～1.6g/m^3	浸泡10～20min*。
各种鱼、虾	0.20～0.30g/m^3	全池均匀泼洒。预防，10～15日使用一次；治疗，病情严重者隔日用一次，连续使用2次。
清塘消毒	1.6～2.0g/m^3	全池均匀泼洒，3～4日后，试水放鱼。
畜禽圈舍	1∶500	喷洒，消毒前应先将畜禽活动场所清扫干净，每隔2～3日1次。
	口蹄疫病毒1∶600	喷洒，30min。
	禽流感病毒1∶600	喷洒，10min。
浸涤器具	1∶500	浸泡，20min。

*根据鱼体的反应灵活掌控浸泡时间。

【注意事项】（1）禁止先将药品放入容器中，再将水倒入容器内。

（2）避免与强还原剂和酸接触；不得使用金属器具配制或盛放溶液。

（3）包装破损严禁贮运。勿与酸性物共贮共运，勿受潮。

（4）本品应现配现用，开启后的包装应安全存放，以免造成人、畜误服。

（5）使用后的废弃包装勿乱扔，要妥善处理。

（6）在水产养殖中进行水体消毒时，本品对水环境有一定影响，应严格按说明书中用法与用量使用。

（7）不可与其他消毒剂混合使用。

【休药期】0度日。

【贮藏】密封，在阴凉干燥处保存。

过硫酸氢钾复合物粉

本品含过硫酸氢钾和氯化钠，有效氯（Cl）不少于10.0%。

【性状】本品为浅红色颗粒状粉末，有柠檬气味。

【作用与用途】消毒药。用于畜禽厩舍、空气和饮用水等的消毒，防治水产养殖鱼、虾的出血症、烂鳃病、肠炎等细菌性疾病。

【用法与用量】以本品计。水产养殖鱼、虾消毒，用水稀释200倍后全池均匀喷洒，每1m^3水体，0.6～1.2g。

【注意事项】（1）现用现配。

（2）不与碱类物质混存或合并使用。

（3）包装不得乱丢弃。

【贮藏】密闭，阴凉干燥处保存。

五、中药材和中成药

大黄末

本品为大黄经加工制成的散剂。

【制法】取大黄，粉碎，过筛，即得。

【性状】本品为黄棕色的粉末；气清香，味苦、微涩。

【功能】健胃消食，泻热通肠，凉血解毒，破积行瘀。

【主治】鱼肠炎、烂鳃病、腐皮病。

【用法与用量】拌饵投喂：每1kg体重，鱼5～10g。泼洒鱼池：每1m^3水体，鱼2.5～4g。

【贮藏】密闭，防潮。

大黄芩鱼散

【处方】鱼腥草135g，大黄540g，黄芩325g。

【制法】以上3味，粉碎，过筛，混匀，即得。

【性状】本品为黄棕色的粉末；气微香，味苦、微涩。

【功能】清热解毒。

【主治】烂鳃病。

【用法与用量】拌饵投喂：每1kg体重，鱼、虾1g，连用3日。

【贮藏】密闭，防潮。

虾蟹脱壳促长散

【处方】露水草50g，龙胆150g，泽泻100g，沸石350g，夏枯草100g，筋骨草150g，酵母50g，稀土50g。

【制法】以上 8 味，粉碎，过筛，混匀，即得。

【性状】本品为灰棕色的粉末。

【功能】促脱壳，促生长。

【主治】虾、蟹脱壳迟缓。

【用法与用量】每 1kg 饲料，虾、蟹 1g。

【贮藏】密闭，防潮。

穿梅三黄散

【处方】大黄 50g，黄芩 30g，黄柏 10g，穿心莲 5g，乌梅 5g。

【制法】以上 5 味，粉碎，过筛，混匀，即得。

【性状】本品为灰黄色的粉末；气微香，味微苦。

【功能】清热解毒。

【主治】细菌性败血症、肠炎、烂鳃病与赤皮病。

【用法与用量】拌饵投喂：每 1kg 体重，鱼 0.6g，连用 3～5 日。必要时 15 日后可重复用药。

【贮藏】密闭，防潮。

蚌毒灵散

【处方】黄芩 60g，黄柏 20g，大青叶 10g，大黄 10g。

【制法】以上 4 味，粉碎，过筛，混匀，即得。

【性状】本品为灰黄色的粉末；气微，味苦。

【功能】清热解毒。

【主治】蚌瘟病。

【用法与用量】挟袋法：每 10 只手术蚌，5g。泼洒法：每 $1m^3$ 水体，1g。

【贮藏】密闭，防潮。

七味板蓝根散

【处方】板蓝根 30g，穿心莲 30g，黄芪 20g，大黄 20g，地榆 15g，黄芩 15g，乌梅 20g。

【制法】以上 7 味，粉碎，过筛，混匀，即得。

【性状】本品为灰黄色的粉末；气香，味苦。

【功能】清热解毒，益气固表。

【主治】鳖白底板病、腮腺炎。

【用法与用量】拌饵投喂：每 1kg 体重，鳖 0.4～0.8g，连用 5～7 日。

【贮藏】密闭，防潮。

大黄末（水产用）

本品为大黄经加工制成的散剂。

【制法】取大黄，粉碎，过筛，即得。

【性状】本品为黄棕色的粉末；气清香，味苦、微涩。

【功能】健胃消食，泻热通肠，凉血解毒，破积行瘀。

【主治】细菌性烂鳃病、赤皮病、腐皮病和烂尾病。

【用法与用量】全池泼洒，每 $1m^3$ 水体，鱼 2.5～4g，连用 3 日。

【贮藏】密闭，防潮。

大黄解毒散

【处方】大黄 20g，玄参 35g，黄柏 30g，绵马贯众 20g，甘草 5g，地肤子 25g，鹤虱 30g，苦参 40g，槟榔 20g。

【制法】以上 9 味，粉碎，过筛，混匀，即得。

【性状】本品为黄色至褐色的粉末；气微香，味苦。

【功能】清热燥湿，杀虫。

【主治】败血症。

【用法与用量】每 1kg 饲料，鱼 1～1.5g。

【贮藏】密闭，防潮。

大黄芩蓝散

【处方】大黄 10g，大青叶 30g，地榆 20g，板蓝根 20g，黄芩 20g。

【制法】以上 5 味，粉碎，过筛，混匀，即得。

【性状】本品为棕黄色至棕褐色的粉末；气微，味微苦、涩。

【功能】清热解毒，凉血止血。

【主治】细菌感染引起的出血症、烂鳃病、肠炎与赤皮病。

【用法与用量】拌饵投喂：每 1kg 体重，鱼 0.5g，连用 5 日。

【贮藏】密闭，防潮。

大黄侧柏叶合剂

【处方】大黄 200g，侧柏叶 50g，五倍子 14g，大蒜 200g。

【制法】以上 4 味，大蒜捣烂取汁，冷藏备用；五倍子粉碎成粗粉加酸水解 3h，滤过，滤液备用；大黄、侧柏叶粉碎成粗粉，用 70%乙醇加热回流 2 次，滤过，合并滤液，浓缩至适量。上述三种液体合并，加水至 1 000mL，即得。

【性状】本品为红棕色的液体，久置可能有少量沉淀；具大蒜特异臭气，味苦。

【功能】清热解毒。

【主治】用于防治淡水鱼细菌性败血症。

【用法与用量】拌饵投喂：每1kg饵料，淡水鱼1mL，连用7～15日。

【规格】每100mL相当于原生药46.4g。

【贮藏】密封，置阴凉处。

大黄五倍子散

【处方】大黄600g，五倍子400g。

【制法】以上2味，粉碎，过筛，混匀，即得。

【性状】本品为黄棕色至灰棕色的粉末；味苦、涩。

【功能】清热解毒，收湿敛疮。

【主治】细菌性肠炎、烂鳃病、烂肢病、疖疮与腐皮病。

【用法与用量】拌饵投喂：每1kg体重，鱼、鳖0.5～1.0g，连用5～7日。

【贮藏】密闭，防潮。

三黄散（水产用）

【处方】黄芩30g，黄柏30g，大黄30g，大青叶10g。

【制法】以上4味，粉碎，过筛，混匀，即得。

【性状】本品为黄色至黄棕色或黄绿色的粉末；气微香，味苦。

【功能】清热解毒。

【主治】细菌性败血症、烂鳃病、肠炎和赤皮病。

【用法与用量】拌饵投喂：每1kg体重，鱼0.5g，连用4～6日。

【贮藏】密闭，防潮。

山青五黄散

【处方】山豆根15g，青蒿20g，大黄10g，黄芪10g，黄芩8g，柴胡12g，川芎12g，常山8g，陈皮10g，黄柏5g，黄连5g，甘草15g。

【制法】以上12味，粉碎，过筛，混匀，即得。

【性状】本品为灰黄色至棕黄色的粉末。

【功能】清热泻火，理气活血。

【主治】细菌性烂鳃病、肠炎、赤皮病和败血症。

【用法与用量】拌饵投喂：每1kg体重，鱼2.5g，连用5日。

【贮藏】密闭，防潮。

川楝陈皮散

【处方】川楝子 200g，陈皮 100g，柴胡 80g。

【制法】以上 3 味，粉碎，过筛，混匀，即得。

【性状】本品为浅黄色至浅棕色的粉末；气香，味苦。

【功能】驱虫，消食。

【主治】绦虫病、线虫病。

【用法与用量】拌饵投喂：每 1kg 体重，淡水鱼 0.1g，连用 3 日。

【贮藏】密闭，防潮。

六味地黄散（水产用）

【处方】熟地黄 70g，山茱萸（制）35g，山药 35g，牡丹皮 30g，茯苓 30g，泽泻 30g。

【制法】以上 6 味，粉碎，过筛，混匀，即得。

【性状】本品为灰棕色的粉末；味甜、酸。

【功能】滋补肝肾。

【主治】用于增强机体抵抗力。

【用法与用量】拌饵投喂：每 1kg 体重，水产动物 0.1g，连用 5 日。

【贮藏】密闭，防潮。

六味黄龙散

【处方】龙胆 30g，黄柏 30g，陈皮 25g，厚朴 20g，大黄 20g，碳酸氢钠 50g。

【制法】以上 6 味除碳酸氢钠外，粉碎成粉末，过筛，加入碳酸氢钠，混匀，即得。

【性状】本品为淡黄色至深黄色的粉末；气香，味苦。

【功能】清热燥湿，健脾理气。

【主治】预防虾白斑综合征。

【用法与用量】全池泼洒，每 $1m^3$ 水体，虾 2g，连用 3 日。

【注意】用热水浸泡 6h 后使用。

【贮藏】密闭，防潮。

双黄白头翁散

【处方】白头翁 135g，大黄 540g，黄芩 325g。

【制法】以上 3 味，粉碎，过筛，混匀，即得。

【性状】本品为黄色至黄棕色的粉末；味微苦。

【功能】清热解毒，凉血止痢。

【主治】细菌性肠炎。

【用法与用量】拌饵投喂：每 1kg 体重，鱼 0.8g，连用 5 日。

【贮藏】密闭，防潮。

双黄苦参散

【处方】大黄 300g，黄芩 175g，苦参 25g。

【制法】以上 3 味，粉碎，过筛，混匀，即得。

【性状】本品为黄棕色的粉末；味微苦。

【功能】清热解毒。

【主治】细菌性肠炎、烂鳃病与赤皮病。

【用法与用量】拌饵投喂：每 1kg 体重，鱼 2g，连用 3～5 日。

【贮藏】密闭，防潮。

五倍子末

本品为五倍子经加工制成的散剂。

【性状】本品为灰褐色或灰棕色的粉末；气特异，味涩。

【功能】敛疮止血。

【主治】水产动物水霉病、鳃霉病。

【用法与用量】拌饵投喂：一次量，每 1kg 体重，水产动物 0.1～0.2g，每日 3 次，连用 5～7 日。

泼洒：每 $1m^3$ 水体，水产动物 0.3g，每日 1 次，连用 2 日。

浸浴：每 $1m^3$ 水体，水产动物 2～4g，浸浴 30min。

【贮藏】密闭，防潮。

五味常青颗粒

【处方】青蒿 100g，柴胡 90g，苦参 185g，常山 250g，白茅根 90g。

【制法】以上 5 味，加水煎煮 2 次，合并煎液，浓缩至相对密度为 1.28～1.30（60℃），得清膏。清膏、糖、糊精按 1∶3.5∶1 的比例制成颗粒，干燥，制成 350g，即得。

【性状】本品为棕褐色的颗粒；味甜，微苦。

【功能】抗球虫。

【主治】鸡球虫病。

【用法与用量】混饮：每 1L 水，鸡 1g。

【规格】每 1g 本品相当于原生药 2.04g。

【贮藏】密封，防潮。

石知散（水产用）

【处方】石膏 300g，知母 100g，黄芩 300g，黄柏 100g，大黄 200g，连翘 100g，地黄 100g，玄参 100g，赤芍 50g，甘草 50g。

【制法】以上 10 味，粉碎，过筛，混匀，即得。

【性状】本品为灰黄色的粉末；气微香，味苦。

【功能】泻火解毒，清热凉血。

【主治】鱼细菌性败血症。

【用法与用量】拌饵投喂：每 1kg 体重，鲤科鱼类 0.5～1g，连用 3～5 日。

【贮藏】密闭，防潮。

龙胆泻肝散（水产用）

【处方】龙胆 45g，车前子 30g，柴胡 30g，当归 30g，栀子 30g，生地黄 45g，甘草 15g，黄芩 30g，泽泻 45g，木通 20g。

【制法】以上 10 味，粉碎，过筛，混匀，即得。

【性状】本品为淡黄褐色的粉末；气清香，味苦、微甘。

【功能】泻肝胆实火，清三焦湿热。

【主治】主要用于治疗鱼、虾、蟹等水产动物的脂肪肝、肝中毒、急性或亚急性肝坏死及胆囊肿大、胆汁变色等病症。

【用法与用量】拌饵投喂：每 1kg 体重，水产动物 1～2g，连用 5～7 日。

【贮藏】密闭，防潮。

加减消黄散（水产用）

【处方】大黄 30g，玄明粉 40g，知母 25g，浙贝母 30g，黄药子 30g，栀子 30g，连翘 45g，白药子 30g，郁金 45g，甘草 15g。

【制法】以上 10 味，粉碎，过筛，混匀，即得。

【性状】本品为淡黄色的粉末；气微香，味苦、咸。

【功能】清热泻火，消肿解毒。

【主治】细菌性肠炎、赤皮病、出血症与烂鳃病。

【用法与用量】拌饵投喂：治疗，一次量，每 1kg 体重，鱼 0.2g，一日 2 次，连用 5～7 日；预防，每 1kg 体重，鱼 0.1g，连用 2 日，每月用药 1～2 次。

【贮藏】密闭，防潮。

百部贯众散

【处方】百部 100g，绵马贯众 150g，食盐 100g，樟脑 25g，苦参 75g。

【制法】以上5味，百部、绵马贯众、苦参与食盐，粉碎，过筛，以配研法加入樟脑，与淀粉50g混匀，即得。

【性状】本品为黄褐色的粉末；有刺激性气味，味苦咸、微涩。

【功能】杀虫，止血。

【主治】黏孢子虫病。

【用法与用量】全池泼洒，每1m³水体，淡水鱼3g，连用5日。

【贮藏】密闭，防潮。

地锦草末

本品为地锦草经加工制成的粉末。

【制法】取地锦草，粉碎，过筛，即得。

【性状】本品为绿褐色的粉末；气微，味微涩。

【功能】清热解毒，凉血止血。

【主治】防治鱼类由弧菌、气单胞菌等引起的肠炎、败血症等细菌性疾病。

【用法与用量】拌饵投喂：每1kg体重，鱼5～10g，连用5～7日。

【贮藏】密闭，防潮。

地锦鹤草散

【处方】地锦草35g，仙鹤草35g，辣蓼20g。

【制法】以上3味，粉碎，过筛，混匀，即得。

【性状】本品为灰褐色的粉末；气香，味微酸。

【功能】清热解毒，止血止痢。

【主治】烂鳃病、赤皮病、肠炎、白头白嘴病等细菌性疾病。

【用法与用量】拌饵投喂：治疗，每1kg体重，鱼0.5～1g，连用3～5日；预防，疾病流行季节，每1kg体重，鱼0.5g，隔15日重复投喂1次。

【贮藏】密闭，防潮。

芪参散

【处方】黄芪300g，人参200g，甘草200g。

【制法】以上3味，粉碎，过筛，混匀，即得。

【性状】本品为灰白色或灰黄色的粉末。

【功能】扶正固本。

【主治】增强水产动物的免疫功能，提高抗应激能力。

【用法与用量】拌饵投喂：每1kg体重，水产动物0.7～1.4g，连用5～7日。

【贮藏】密闭，防潮。

驱虫散（水产用）

【处方】南鹤虱 30g，使君子 30g，槟榔 30g，芜荑 30g，雷丸 30g，绵马贯众 60g，干姜（炒）15g，淡附片 15g，乌梅 30g，诃子 30g，大黄 30g，百部 30g，木香 15g，榧子 30g。

【制法】以上 14 味，粉碎，过筛，混匀，即得。

【性状】本品为褐色的粉末；气香，味苦、涩。

【功能】驱虫。

【主治】辅助性用于寄生虫的驱除。

【用法与用量】拌饵投喂：一次量，每 1kg 体重，鱼 0.2g，一日 2 次，连用 5～7 日。

【贮藏】密闭，防潮。

苍术香连散（水产用）

【处方】黄连 30g，木香 20g，苍术 60g。

【制法】以上 3 味，粉碎，过筛，混匀，即得。

【性状】本品为棕黄色的粉末；气香，味苦。

【功能】清热燥湿。

【主治】细菌性肠炎。

【用法与用量】拌饵投喂：每 1kg 体重，鱼 0.3～0.4g，连用 7 日。

【贮藏】密闭，防潮。

扶正解毒散（水产用）

【处方】板蓝根 60g，黄芪 60g，淫羊藿 30g。

【制法】以上 3 味，粉碎，过筛，混匀，即得。

【性状】本品为灰黄色的粉末；气微香。

【功能】扶正祛邪，清热解毒。

【主治】用于鱼类感染性疾病的辅助性防治。

【用法与用量】拌饵投喂：治疗，每 1kg 体重，鱼 0.3～0.4g，连用 7 日；预防，每 1kg 体重，鱼 0.2g，连用 2 日。

【贮藏】密闭，防潮。

肝胆利康散

【处方】茵陈 30g，大黄 30g，郁金 25g，连翘 15g，柴胡 15g，栀子 15g，白芍 15g，牡丹皮 15g，藿香 15g。

【制法】以上9味，粉碎，过筛，加入葡萄糖至300g，混匀，即得。

【性状】本品为黄棕色的粉末；味微苦。

【功能】清肝利胆。

【主治】肝胆综合征。

【用法与用量】拌饵投喂：每1kg体重，鱼0.1g，连用10日。

【贮藏】密闭，防潮。

连翘解毒散

【处方】连翘20g，黄芩20g，半夏10g，知母25g，羌活10g，独活5g，金银花15g，滑石35g，甘草10g。

【制法】以上9味，粉碎，过筛，混匀，即得。

【性状】本品为灰黄色的粉末；气香，味微苦。

【功能】清热解毒，祛风除湿。

【主治】黄鳝、鳗鲡发狂病。

【用法与用量】全池泼洒：每1m^3水体，黄鳝7.5g，鳗鲡0.3g。

【贮藏】密闭，防潮。

板蓝根大黄散

【处方】板蓝根125g，大黄125g，穿心莲50g，黄连50g，黄柏50g，黄芩50g，甘草50g。

【制法】以上7味，粉碎，过筛，混匀，即得。

【性状】本品为棕黄色的粉末；气微，味苦。

【功能】清热解毒。

【主治】鱼类细菌性败血症、细菌性肠炎。

【用法与用量】拌饵投喂：一次量，每1kg体重，鱼1～1.5g，一日2次，连用3～5日。

【贮藏】密闭，防潮。

青莲散

【处方】鱼腥草200g，大青叶200g，穿心莲150g，黄柏150g。

【制法】以上4味，粉碎，过筛，混匀，即得。

【性状】本品为灰绿色或灰黄绿色的粉末；气微香，味微苦。

【功能】清热解毒。

【主治】细菌感染引起的肠炎、出血症与败血症。

【用法与用量】拌饵投喂：一次量，每1kg体重，鱼0.1g，一日2次，连用5～7日。

【贮藏】密闭，防潮。

青连白贯散

【处方】大青叶150g，白头翁100g，绵马贯众50g，大黄60g，黄连40g，连翘60g，大蓟40g。

【制法】以上7味，粉碎，过筛，混匀，即得。

【性状】本品为浅棕黄色至棕黄色的粉末；味苦。

【功能】清热解毒，凉血止血。

【主治】细菌性败血症、肠炎、赤皮病、打印病和烂尾病。

【用法与用量】拌饵投喂：一次量，每1kg体重，鱼0.4g，一日2次，连用3～5日。

【贮藏】密闭，防潮。

青板黄柏散

【处方】板蓝根50g，黄芩25g，黄柏40g，五倍子30g，大青叶55g。

【制法】以上5味，粉碎，过筛，混匀，即得。

【性状】本品为黄色至黄绿色的粉末；气清香，味苦。

【功能】清热解毒。

【主治】细菌性败血症、肠炎、烂鳃病、竖鳞病与腐皮病。

【用法与用量】拌饵投喂：每1kg体重，鱼0.3g，连用3～5日。

【贮藏】密闭，防潮。

苦参末

本品为苦参经加工制成的粉末。

【制法】取苦参，粉碎，过筛，即得。

【性状】本品为浅黄色至棕黄色的粉末；气微，味极苦。

【功能】清热燥湿，驱虫杀虫。

【主治】鱼类由车轮虫、指环虫、三代虫等引起的寄生虫病以及细菌性肠炎、出血性败血症。

【用法与用量】拌饵投喂：每1kg体重，鱼1～2g，连用5～7日。

泼洒鱼池：每1m^{3}水体，鱼1～1.5g，连用5～7日。

【贮藏】密闭，防潮。

虎黄合剂

【处方】虎杖375g，绵马贯众250g，黄芩225g，青黛150g。

【制法】以上4味，虎杖、绵马贯众、黄芩粉碎成粗粉，加入青黛，用70%乙醇加热回流提取2次，每次2h，滤过，合并滤液，浓缩回收乙醇，浓缩液加水调整至1 000mL，滤过，灭菌，即得。

【性状】本品为棕褐色至棕红色的液体；味苦，微辛。

【功能】清热，解毒，杀虫。

【主治】嗜水气单胞菌感染。

【用法与用量】拌饵投喂：每1kg体重，蟹0.25～0.5mL，连用7日。

【注意】用前将药液摇匀喷洒在饵料上，搅拌均匀。

【贮藏】密封，置阴凉处。

虾康颗粒

【处方】黄芩160g，金银花160g，大黄100g，板蓝根100g，山楂80g，黄芪84g，大蒜106g，刺梨汁84g。

【制法】以上8味，大蒜提取挥发油；药渣沥干，备用。黄芩、板蓝根、大黄照流浸膏与浸膏剂的渗漉法，用75%乙醇作溶剂，浸渍24h后进行渗漉，渗漉液回收乙醇至相对密度1.25（70～80℃）的清膏；金银花、山楂照上法，用乙醇作溶剂，浸渍16h后进行渗漉，渗漉液回收乙醇至相对密度为1.31（70～80℃）的清膏，备用。黄芪加水煎煮2次，每次1h，合并煎液，滤过，滤液浓缩至相对密度为1.31（70～80℃），与上述黄芩、金银花等清膏、大蒜药渣及刺梨汁混合，再与适宜辅料混匀，制成颗粒，干燥，喷入大蒜挥发油，混匀，制成1 000g，即得。

【性状】本品为浅黄色至红棕色的颗粒；气香特异，味微甘、稍涩。

【功能】清热解毒，益气补中，增强抗病力，助消化，促生长。

【主治】用于对虾生长期病毒性与细菌性疾病的预防和治疗。

【用法与用量】混饲：每1 000kg饲料，预防5kg；治疗10kg。

【贮藏】密封，置阴凉干燥处。

柴黄益肝散

【处方】柴胡300g，大青叶350g，大黄150g，益母草50g。

【制法】以上4味，粉碎，过筛，加淀粉至1 000g，混匀，即得。

【性状】本品为黄棕色或棕褐色的粉末。

【功能】清热解毒，保肝利胆。

【主治】鱼肝脏肿大、肝出血和脂肪肝。

【用法与用量】拌饵投喂：治疗，每1kg体重，鱼1～2g，连用5～7日；预防，连用2～3日，间隔15日重复投喂。

【贮藏】密闭，防潮。

根莲解毒散

【处方】板蓝根160g，黄芪70g，穿心莲160g，甘草80g，鱼腥草160g，陈皮60g，大青叶

120g，山楂60g，蒲公英80g。

【制法】以上9味，粉碎，过筛，混匀，即得。

【性状】本品为青灰色的粉末；气微香，味微苦。

【功能】清热解毒，扶正健脾，理气化食。

【主治】细菌性败血症、赤皮病和肠炎。

【用法与用量】混饲：每1kg饲料，鱼、虾、蟹5～10g。

【贮藏】密闭，防潮。

清健散

【处方】柴胡50g，黄芪50g，连翘50g，山楂50g，麦芽50g，甘草50g，金银花15g，黄芩50g。

【制法】以上8味，粉碎，过筛，混匀，即得。

【性状】本品为淡棕色至淡黄棕色的粉末；气微香，味淡、微甜。

【功能】清热解毒，益气健胃。

【主治】细菌性肠炎。

【用法与用量】拌饵投喂：每1kg体重，鱼0.4g，连用6日。

【贮藏】密闭，防潮。

清热散（水产用）

【处方】大青叶60g，板蓝根60g，石膏60g，大黄30g，玄明粉60g。

【制法】以上5味，粉碎，过筛，混匀，即得。

【性状】本品为黄色的粉末；味苦、微涩。

【功能】清热解毒，凉血消斑。

【主治】鱼病毒性出血病。

【用法与用量】拌饵投喂：每1kg体重，草鱼、青鱼0.3～0.4g，连用7日。

【贮藏】密闭，防潮。

脱壳促长散

【处方】蜕皮激素0.7g，黄芪100g，甘草75g，山楂50g，酵母24.3g，石膏200g，沸石400g，淀粉150g。

【制法】以上8味，除蜕皮激素外，粉碎，过筛，按等量递增配研法与蜕皮激素混匀，即得。

【性状】本品为灰黄色的粉末。

【功能】促脱壳，促生长。

【主治】虾、蟹脱壳迟缓。

【用法与用量】混饲：每1kg饲料，虾、蟹2g。

【贮藏】密闭，防潮。

黄连解毒散（水产用）

【处方】黄连30g，黄芩60g，黄柏60g，栀子45g。

【制法】以上4味，粉碎，过筛，混匀，即得。

【性状】本品为黄褐色的粉末；味苦。

【功能】泻火解毒。

【主治】用于鱼类细菌性、病毒性疾病的辅助性防治。

【用法与用量】拌饵投喂：治疗，每1kg体重，鱼0.3～0.4g，连用7日；预防，每1kg体重，鱼0.2g，连用1～2日。

【贮藏】密闭，防潮。

黄芪多糖粉

本品为黄芪经提取加工制成的粉末。

【制法】取黄芪，预先经1%CaO水溶液浸泡，煎煮3次，每次1h，合并煎液，滤过，滤液浓缩至每1mL含生药材1g，用乙醇沉淀2次（含醇量分别为60%和80%），滤过，沉淀加水溶解，喷雾干燥，即得。

【性状】本品为浅黄色或黄色的粉末；有较强吸湿性，味微甜。

【功能】益气固本，增强机体抵抗力。

【主治】用于提高水产动物的非特异性免疫功能。

【用法与用量】草鱼、罗非鱼、斑点叉尾鮰、中华鳖，混饲：每1kg体重，每日添加20mg，连用7日；南美白对虾，混饲，每1kg饲料，添加200mg，连续投喂30日。

【规格】每1g含黄芪多糖应不得少于450mg。

【贮藏】密封，置干燥处。

银翘板蓝根散

【处方】板蓝根260g，金银花160g，黄芪120g，连翘120g，黄柏100g，甘草80g，黄芩60g，茵陈60g，当归40g。

【制法】以上9味，粉碎，过筛，混匀，即得。

【性状】本品为棕黄色的粉末；气香，味苦。

【功能】清热解毒。

【主治】对虾白斑病，河蟹抖抖病。

【用法与用量】拌饵投喂：每1kg体重，对虾、河蟹0.16～0.24g，连用4～6日。

【贮藏】密闭，防潮。

雷丸槟榔散

【处方】槟榔 15g，雷丸 15g，木香 5g，绵马贯众 5g，苦楝皮 20g，鹤虱 10g，苦参 20g。

【制法】以上 7 味，粉碎，过筛，混匀，即得。

【性状】本品为棕褐色的粉末；气微香，味涩、苦。

【功能】驱杀虫。

【主治】车轮虫病和锚头鳋病。

【用法与用量】拌饵投喂：一次量，每 1kg 体重，鱼 0.3～0.5g，隔日 1 次，连用 2～3 次。

【贮藏】密闭，防潮。

蒲甘散

【处方】黄连 30g，黄柏 200g，大黄 86g，甘草 200g，蒲公英 300g，苦参 184g。

【制法】以上 6 味，粉碎，过筛，混匀，即得。

【性状】本品为灰黄色至黄色的粉末；气清香，味苦。

【功能】清热解毒。

【主治】细菌感染引起的败血症、肠炎、烂鳃病、竖鳞病与腐皮病。

【用法与用量】拌饵投喂：每 1kg 体重，鱼 0.3g，连用 5 日。

【贮藏】密闭，防潮。

博落回散

主要成分：博落回提取物。

【性状】本品为淡橘黄色至橘黄色的粉末；有刺激性。

【功能】抗菌消炎，开胃，促生长。

【主治】用于促进淡水鱼、虾、蟹以及龟、鳖生长。

【用法与用量】混饲：每 1kg 饲料，草鱼、青鱼、鲤、鲫、鳊、鳝、鳗、泥鳅、虾、蟹、龟、鳖 300～600mg，可长期添加使用。

【规格】100g∶0.375g。

【贮藏】密封，避光。

银黄可溶性粉

主要成分：金银花、黄芩。

【性状】本品为浅黄色至棕黄色粉末。

【功能】清热解毒，宣肺燥湿。

【主治】对虾由副溶血弧菌引起的肝胰腺损伤。

【用法与用量】混饲：每1kg饲料，对虾0.8g，连用7日。

【规格】每100g本品相当于原生药75g。

【贮藏】密封，置阴凉处。

六、疫 苗

草鱼出血病灭活疫苗

本品系用草鱼出血病病毒ZV-8909株接种草鱼吻端组织细胞株或草鱼胚胎细胞株进行培养，收获培养物，经甲醛和热灭活后，加氢氧化铝胶和L-精氨酸配制成。

【性状】静置后，上层为澄清液体，底层有少量沉淀，振摇后呈均匀混悬液。

【作用与用途】用于预防草鱼出血病。免疫期为12个月。

【用法与用量】浸泡法：体长3.0cm左右草鱼采用尼龙袋充氧浸泡法。浸泡时疫苗浓度为0.5%，并在每升浸泡液中加入10mg莨菪，充氧浸泡3h。注射法：体长10cm左右草鱼采用注射法。先将疫苗用生理盐水稀释10倍，肌肉或腹腔注射，每尾0.3～0.5mL。

【注意事项】(1) 切忌冻结，冻结过的疫苗严禁使用。

(2) 使用前，应将疫苗恢复至室温，并充分摇匀。

(3) 疫苗开启后，限12h内用完。

(4) 接种时，应作局部消毒处理。

(5) 用过的疫苗瓶、器具以及未用完的疫苗等应进行无害化处理。

【贮藏与有效期】2～8℃保存，有效期为10个月。

草鱼出血病活疫苗（GCHV-892株）

本品系用草鱼出血病病毒GCHV-892株接种草鱼吻端成纤维细胞（PSF），经28℃培养，收集细胞培养物，加适宜稳定剂，经冷冻真空干燥制成。

【性状】淡黄色海绵状疏松团块，易与瓶壁脱离，加稀释液后迅速溶解。

【作用与用途】用于预防草鱼出血病。免疫期为15个月。

【用法与用量】按瓶签注明尾份，用灭菌生理盐水（0.65%）稀释成每0.2mL含1尾份，腹腔或肌肉注射体重12～250g的草鱼，每尾注射0.2mL；体重250～750g的草鱼，每尾注射0.3mL。

【注意事项】(1) 本品仅用于预防，鱼体发病时不能使用本疫苗。

(2) 疫苗应随配随用，稀释后的疫苗应放冷暗处，2h内用完。

(3) 疫苗注射后养殖水体应用消毒剂全池泼洒1次，预防由于操作不慎使鱼体受伤而造成的细菌感染。

（4）使用后的疫苗瓶、器具以及剩余的疫苗应消毒后妥善处理。

【规格】500 尾份/瓶，1 000 尾份/瓶。

【贮藏与有效期】－10℃以下保存，有效期 18 个月；2～8℃保存，有效期 6 个月。

牙鲆鱼溶藻弧菌、鳗弧菌、迟缓爱德华氏菌病多联抗独特型抗体疫苗

本品系用能稳定分泌溶藻弧菌抗独特型单克隆抗体的杂交瘤细胞 1B2 株和 2F4 株、分泌鳗弧菌抗独特型单克隆抗体的杂交瘤细胞 1E10 株和 1D1 株、分泌迟缓爱德华氏菌抗独特型单克隆抗体的杂交瘤细胞 1E11 株，分别接种适宜的培养基培养后，转入生物反应器培养，收获培养物，离心取上清，混合制成。用于预防牙鲆鱼溶藻弧菌病、鳗弧菌病、迟缓爱德华氏菌病。

【性状】粉红色块状固体，加生理盐水后迅速溶解。

【作用与用途】用于预防牙鲆鱼溶藻弧菌病、鳗弧菌病、迟缓爱德华氏菌病。免疫期为 5 个月。

【用法与用量】注射型疫苗：用注射用生理盐水将每一瓶内的疫苗稀释到 25mL，再将 25mL 的不完全佐剂与 25mL 疫苗混合搅匀，取体重 5～7g、4～5 月龄的幼鱼，用 1mL 的注射器进行接种，每尾腹腔注射 50μL，含疫苗量为 3.75μg。

浸泡型疫苗：用生理盐水将药盒内 3 只瓶内的疫苗溶解混合后，倒入装有 90L 海水的容器内充分搅匀，将体重 5～7g、4～5 月龄的幼鱼 1 000 尾，分 2～3 批放入其中浸泡，每批浸泡 30min，如一次浸泡不完，可分几批浸泡。每尾鱼的疫苗量为 11.25μg。

【注意事项】（1）本品仅用于接种健康鱼。

（2）接种、浸泡前应停食至少 24h。浸泡时向海水内充气。

（3）注射型疫苗使用时应将疫苗和等量的不完全佐剂充分混合。浸泡型疫苗倒入海水后也要充分搅拌，使疫苗均匀分布于海水中。

（4）不完全佐剂在 2～8℃储藏。疫苗开封后，限当日用完。

（5）注射接种时，抓鱼最好带上丝线布手套，而且轻抓轻放，尽量避免因操作对鱼造成损伤。

（6）接种疫苗时，应使用 1mL 的一次性注射器。注射中应注意避免针孔堵塞。

（7）用于浸泡的海水温度以 15～20℃为宜。

【规格】1 000 尾份/盒。

注射型疫苗：每盒含 1 只瓶，瓶内装有 3.75mg 多联疫苗。

浸泡型疫苗：每盒含 3 只瓶，每只瓶内装有 3.75mg 多联疫苗。

【贮藏与有效期】－25℃以下保存，有效期为 11 个月。

嗜水气单胞菌败血症灭活疫苗

本品系用致病性嗜水气单胞菌 J-1 株菌株接种适宜培养基培养，收获培养物，经甲醛溶液灭

活后制成。

【性状】棕黄色混悬液，久置后下层有白色沉淀。

【作用与用途】用于预防淡水鱼类特别是鲤科鱼的嗜水气单胞菌败血症。免疫期为6个月。

【用法与用量】浸泡免疫：取疫苗1L，以清洁自来水稀释100倍，分批浸泡100kg鱼种，每批浸泡15min，同时以增氧泵增氧。

注射免疫：取疫苗，以灭菌注射用水稀释100倍，每尾鱼腹腔注射1mL。

【注意事项】(1) 切忌冻结，冻结的疫苗严禁使用。疫苗稀释后，限当日用完。

(2) 使用前，应先使疫苗恢复至室温，并充分摇匀。

(3) 接种时，应作局部消毒处理。

(4) 用过的疫苗瓶、器具以及未用完的疫苗等应进行无害化处理。

【规格】500mL/瓶，5 000mL/瓶。

【贮藏与有效期】2～8℃保存，有效期6个月。

鱼虹彩病毒病灭活疫苗

疫苗中含有灭活的虹彩病毒Ehime-1/GF14株，每瓶疫苗灭活前病毒含量至少为$10^{8.7}$ $TCID_{50}$。

【性状】橘红色透明液体。

【作用与用途】用于预防真鲷、鰤鱼属、拟鲹的虹彩病毒病。

【用法与用量】真鲷（体重5～20g）：腹腔（自鱼体腹鳍至肛门的下腹部）或肌肉（鱼体侧线的微上方至背鳍中央正下方的肌肉）注射，每尾1尾份（0.1mL）。

鰤鱼属（体重10～100g）：麻醉处理后，腹腔（将腹鳍贴紧于体侧时接触腹鳍尖端部位的体侧轴心线上）注射，每尾1尾份（0.1mL）。

拟鲹（体重10～70g）：麻醉处理后，腹腔（自鱼体腹鳍至肛门的下腹部）注射，每尾1尾份（0.1mL）。

【注意事项】(1) 仅用于接种健康鱼。

(2) 本品不能与其他药物混合使用。

(3) 对真鲷接种时，不应使用麻醉剂。

(4) 使用麻醉剂时，应正确掌握用法和用量。

(5) 接种前应停食至少24h。

(6) 接种本品时，应采用连续注射器，并采用适宜的注射深度（体重5～20g的真鲷，注射深度为3mm；体重10～50g的鰤鱼属，注射深度为3mm；体重50～100g的鰤鱼属，注射深度为4mm；体重10～70g的拟鲹，注射深度为3mm）。注射中应注意避免针孔堵塞。

(7) 应使用高压蒸汽消毒或煮沸消毒过的注射器。

(8) 使用前应充分振摇。

（9）一旦开瓶，应 1 次用完。

（10）疫苗瓶和未用完的疫苗，应按照规定进行处理。

（11）避免冻结。

（12）疫苗应储藏于冷暗处。

（13）如意外地将疫苗污染人的眼、鼻、口或注射到人体内，应及时对患部采取消毒等措施。必要时，请医护人员予以治疗。

【规格】5 000 尾份（500mL）/瓶。

【贮藏与有效期】2～8℃保存，有效期为 18 个月。

大菱鲆迟钝爱德华氏菌活疫苗（EIBAV1 株）

本品系用迟钝爱德华氏菌 EIBAV1 弱毒株接种于适宜培养基，收获培养物，加入适宜稳定剂，经冷冻真空干燥制成。

【性状】海绵状疏松团块，易与瓶壁脱离，加稀释液后迅速溶解。

【作用与用途】用于预防由迟钝爱德华氏菌引起的大菱鲆腹水病。免疫期为 3 个月。

【用法与用量】按瓶签注明尾份，用灭菌生理盐水将疫苗稀释成 10 尾份/mL，对 4～5 月龄健康大菱鲆（体重 30g 左右）每尾腹腔注射疫苗溶液 0.1mL，免疫结束后正常养殖。

【注意事项】（1）仅用于接种健康大菱鲆。

（2）免疫接种前及接种后 10 日内不可使用抗生素。

（3）免疫前后 48h 禁食。

（4）用过的疫苗瓶、器具以及未用完的疫苗等应进行无害化处理。

【规格】2 000 尾份/瓶，3 000 尾份/瓶，5 000 尾份/瓶，6 000 尾份/瓶，10 000 尾份/瓶。

【贮藏与有效期】2～8℃保存，有效期为 9 个月；－15℃以下保存，有效期为 15 个月。

大菱鲆鳗弧菌基因工程活疫苗（MVAV6203 株）

本品含鳗弧菌 MVAV6203 减毒菌。每尾份含活菌数不少于 $1.0\times10^{6.0}$CFU。

【性状】疏松团块，易与瓶壁脱离，加疫苗稀释液或无菌生理盐水后迅速溶解。

【作用与用途】预防由 O1 血清型鳗弧菌导致的大菱鲆弧菌病。免疫期为 3 个月。

【用法与用量】按照瓶签注明尾份，用疫苗稀释液或无菌生理盐水将疫苗稀释成 10 尾份/mL，对 4～5 月龄健康大菱鲆每尾腹腔注射疫苗溶液 0.1mL，免疫结束后正常养殖。

【规格】1 000 尾份/瓶，2 000 尾份/瓶，5 000 尾份/瓶。

【注意事项】（1）仅用于接种健康大菱鲆。

（2）免疫接种前后 10 日内不可使用抗生素。

（3）免疫前 48h 禁食。

（4）用过的疫苗瓶、器具以及未用完的疫苗等应进行无害化处理。

【贮藏与有效期】－15℃以下保存，有效期为 15 个月。

鳜传染性脾肾坏死病灭活疫苗（NH0618 株）

疫苗含灭活的传染性脾肾坏死病毒（NH0618 株），每毫升疫苗中灭活前病毒含量为 $10^{6.5}$ $TCID_{50}$。

【性状】乳白色均匀乳剂。

【作用与用途】用于预防鳜传染性脾肾坏死病。免疫期为 6 个月。

【用法与用量】腹腔注射。20g 以上的鳜每尾注射 0.1mL。

【规格】20mL/瓶，50mL/瓶，100mL/瓶，250mL/瓶，500ml/瓶。

【注意事项】（1）仅用于接种健康鳜。

（2）疫苗贮藏及运输过程中切勿冻结，启封后应在 4h 内用完，长时间暴露在高温下会影响疫苗效力，使用前使疫苗恢复至室温并充分摇匀。

（3）使用前应仔细检查包装，如发现破损、残缺、文字模糊、过期等，则禁止使用。

（4）禁止与其他疫苗合用。

（5）疫苗使用前，鱼应停止喂饲 24h。注射接种时，建议戴上棉布手套抓鱼并轻拿轻放，尽量避免因操作不当造成鱼的损伤。接种时应避开阴雨闷热天气，以防止供氧不足造成鱼的死亡。

（6）应使用无菌的注射器。

（7）如意外将疫苗污染人的眼、鼻、口或注射到人体内，应及时对患部采取消毒等措施。必要时，请医护人员予以治疗。

（8）用过的疫苗瓶、器具以及未用完的疫苗等应进行无害化处理。

【贮藏与有效期】2～8℃保存，有效期为 12 个月。

七、维生素类药物

亚硫酸氢钠甲萘醌粉（水产用）

本品为亚硫酸氢钠甲萘醌与淀粉配制而成。含亚硫酸氢钠甲萘醌（$C_{11}H_9NaO_5S \cdot 3H_2O$）应为标示量的 90.0%～110.0%。

【性状】本品为白色或类白色粉末。

【作用与用途】维生素类药。用于辅助治疗鱼、鳗、鳖等水产养殖动物的出血症、败血症。

【用法与用量】以亚硫酸氢钠甲萘醌计。拌饵投喂：一次量，每 1kg 体重，1～2mg。一日 1～2 次，连用 3 日。

【注意事项】亚硫酸氢钠甲萘醌遇光、遇酸易分解；勿与维生素 C 合用，以免失效。

【贮藏】遮光，密封保存。

维生素C钠粉（水产用）

本品为维生素C钠与淀粉配制而成。含维生素C钠（$C_6H_7NaO_6$）应为标示量的90.0%～110.0%。

【性状】本品为白色至微黄色粉末。

【作用与用途】维生素类药。用于预防和治疗水产动物的维生素C缺乏症。

【用法与用量】以维生素C钠计。拌饵投喂：一次量，每1kg体重，鱼3.5～7.5mg；虾、蟹7.5～15.0mg；龟、鳖、蛙7.5～10.0mg。

【注意事项】(1) 勿与维生素B_{12}、维生素K_3合用，以免氧化失效。

(2) 勿与含铜、锌离子的药物混合使用。

(3) 勿与氧化剂合并使用。

【贮藏】遮光，密封，在干燥处保存。

八、 激素类药物

注射用促黄体素释放激素A_2

本品为促黄体素释放激素A_2加适宜的赋形剂，经冷冻干燥而成的无菌制品。含（$C_{56}H_{78}N_{16}O_{12}$）应为标示量的90.0%～110.0%。

【性状】本品为白色冻干块状物或粉末。

【作用与用途】激素类药。用于鱼类诱发排卵。

【用法与用量】注射用水或生理盐水稀释后使用，现用现配。

鱼类催产时，雄鱼剂量为雌鱼的一半。

腹腔注射：一次量，每1kg体重，草鱼5μg。二次量，每1kg体重，鲢、鳙5μg，第一次1μg，12h后注射余量。三次量，第一次在催产前15日左右每尾注射1～2.5μg；第二次（催产）每1kg体重2.5μg；20h后第三次注射，每1kg体重注射该药5μg和鱼脑垂体1～2mg。

【不良反应】使用剂量过大，可能导致催产失败、亲鱼成熟率下降、被催产鱼失明等。

【注意事项】(1) 使用本品后一般不能再用其他激素。

(2) 本品对未完成性腺发育的鱼类诱导是无效的。

(3) 不能减少剂量多次使用，以免引起免疫耐受、性腺萎缩退化等不良反应，降低效果。

【规格】25μg，50μg，0.1mg，0.125mg，0.25mg。

【贮藏】遮光、密闭，在凉暗处保存。

注射用促黄体素释放激素A_3

本品为促黄体素释放激素A_3加适宜的赋形剂，经冷冻干燥制成的无菌制品。含（$C_{64}H_{82}N_{18}O_{13}$）

应为标示量的85.0%～115.0%。

【性状】本品为白色冻干块状物或粉末。

【作用与用途】激素类药。用于鱼类诱发排卵。

【用法与用量】注射用水或生理盐水稀释后使用，现用现配。

鱼类催产时，雄鱼剂量为雌鱼的一半。

腹腔注射：每尾鱼，一次量，草鱼2～5μg；鲢、鳙3～5μg。

【不良反应】使用剂量过大，可能导致催产失败、亲鱼成熟率下降、被催产鱼失明等。

【注意事项】(1) 使用本品后一般不能再用其他激素。

(2) 本品对未完成性腺发育的鱼类诱导是无效的。

(3) 不能减少剂量多次使用，以免引起免疫耐受、性腺萎缩退化等不良反应，降低效果。

【规格】15μg，20μg，25μg，50μg，0.1mg。

【贮藏】密闭，在凉暗处保存。

注射用复方鲑鱼促性腺激素释放激素类似物

本品为鲑鱼促性腺激素释放激素类似物和多潘立酮加适宜赋形剂，经冷冻干燥制成的无菌制品。每瓶含鲑鱼促性腺激素释放激素类似物（$C_{64}H_{83}N_{17}O_{12}$）应为标示量的85.0%～115.0%，含多潘立酮（$C_{22}H_{24}ClN_5O_2$）应为标示量的90.0%～110.0%。

【性状】本品为白色冻干块状物或粉末。

【作用与用途】激素类药。用于诱发鱼类排卵和排精。

【用法与用量】胸鳍腹侧腹腔注射：每1瓶加注射用水10mL制成混悬液。草鱼、鲢、鳙、鳜，一次注射，每1kg体重0.5mL；团头鲂、太湖白鱼，一次注射，每1kg体重0.3mL；青鱼，二次注射，第一次每1kg体重0.2mL，第二次每1kg体重0.5mL，间隔24～48h。雄鱼剂量酌减。

【注意事项】使用本品的鱼类不得供人食用。

【规格】鲑鱼促性激素释放激素类似物0.2mg与多潘立酮0.1g。

【贮藏】密闭，在凉暗处保存。

注射用复方绒促性素A型（水产用）

本品系绒促性素和促黄体素释放激素A_2加适宜赋形剂，经冷冻干燥制成的无菌制品。含绒促性素的效价应为标示量的80%～125.0%，含促黄体素释放激素A_2（$C_{56}H_{78}N_{16}O_{12}$）应为标示量的80%～125.0%。

【性状】本品为白色或类白色的冻干块状物或粉末。

【作用与用途】激素类药。用于鲢、鳙亲鱼的催产。

【用法与用量】以绒促性素计。腹腔注射：一次量，每1kg体重，雌鱼400U；雄鱼剂量减半。

【注意事项】（1）使用本品后一般不能再用其他类激素。

（2）剂量过大时可致催产失败。

（3）用药后亲鱼禁止供人食用。

【规格】绒促性素 5 000U+促黄体素释放激素 A_2 50μg。

【贮藏】密闭，在凉暗处保存。

注射用复方绒促性素 B 型（水产用）

本品系绒促性素和促黄体素释放激素 A_3 加适宜赋形剂，经冷冻干燥制成的无菌制品。含绒促性素的效价应为标示量的 80%～125.0%，含促黄体素释放激素 A_3（$C_{64}H_{82}N_{18}O_{13}$）应为标示量的 80%～125.0%。

【性状】本品为白色或类白色的冻干块状物或粉末。

【作用与用途】激素类药。主要用于鲢、鳙亲鱼的催产。

【用法与用量】以绒促性素计。腹腔注射：一次量，每 1kg 体重，雌鱼 400U；雄鱼剂量减半。

【注意事项】（1）使用本品后一般不能再用其他类激素。

（2）剂量过大时可致催产失败。

（3）用药后亲鱼禁止供人食用。

【规格】绒促性素 5 000U+促黄体素释放激素 A_3 50μg。

【贮藏】密闭，在凉暗处保存。

注射用绒促性素（Ⅰ）

本品为绒促性素加适宜的赋形剂，经冷冻干燥制成的无菌制品。其效价应为标示量的 80%～125.0%。

【性状】本品为白色的冻干块状物或粉末。

【作用与用途】激素类药。用于鲢、鳙亲鱼的催产。

【用法与用量】亲鱼胸鳍或腹鳍基部腹腔注射：一次量，每 1kg 体重，雌性鲢、鳙亲鱼 1 000～2 000U；雄性鲢、鳙亲鱼剂量减半。

【注意事项】（1）不宜长期应用，以免产生抗体和抑制垂体促性腺功能。

（2）本品溶液极不稳定，且不耐热，应在短时间内用完。

【规格】500U，1 000U，2 000U，5 000U，10 000U，50 000U。

【贮藏】密闭，在凉暗处保存。

九、其他类药物

多潘立酮注射液

本品为多潘立酮与丙二醇等配制而成。含多潘立酮（$C_{22}H_{24}ClN_5O_2$）应为标示量的90.0%～110.0%。

【性状】本品为无色澄明液体。

【作用与用途】多巴胺拮抗物。与促黄体素释放激素 A_2（LHRH-A_2）联合使用，用于人工诱导鱼类发情和排卵。

【用法与用量】取本品，加适量的生理盐水，稀释至每 1mL 中含多潘立酮（DOM）5～10mg 的溶液；另取注射用促黄体素释放激素 A_2（LHRH-A_2），加生理盐水配成溶液，使每 1mL 溶液中含有 LHRH-A_2 5～20μg。调整所需剂量，将两种药液混匀后腹腔注射（在胸鳍基部）或肌肉注射（在背鳍基部附近），雌鱼每 1kg 体重剂量如下：

	鲤、鲫	草鱼	鲢、鳙	鲮	鳊	胡子鲇	泥鳅	团头鲂	翘嘴红鲌
DOM	1～2mg	3～5mg	3～5mg	5mg	3mg	5mg	3mg	3mg	5mg
LHRH-A_2	3～5μg	5μg	3～5μg	5～10μg	3～5μg	5μg	3μg	4μg	5μg

其中青鱼进行二次催产，第一次剂量为 DOM 5mg+LHRH-A_2 5μg，24～48h 后进行第二次催产，剂量为 DOM 5mg+LHRH-A_2 10μg。

雄性亲鱼一般注射上述雌性亲鱼剂量的 1/2 左右。

【注意事项】(1) 亲鱼使用本品后，禁止供人食用。

(2) 水温在 20～30℃效果较好；低于 20℃，催产效果略受影响。

(3) 剂量过高时，可能会导致提早排卵而影响受精率。

(4) 本品宜现用现配，注射液混合后最好在 0.5～1h 内注射完毕。

【规格】2mL∶0.1g

【贮藏】密闭，在凉暗处保存。

盐酸甜菜碱预混剂

本品为盐酸甜菜碱与二氧化硅配制而成。含盐酸甜菜碱（$C_5H_{11}NO_2 \cdot HCl$）应为标示量的95.0%～105.0%。

【性状】本品为类白色粉末。

【作用与用途】促生长剂。用于鱼、虾促生长。

【用法与用量】以盐酸甜菜碱计。拌饵投喂：每1 000kg饵料，5kg。

【注意事项】均匀拌饵投喂。

【休药期】0度日。

【规格】10%，30%，50%。

【贮藏】密封，在阴凉干燥处保存。